藍學堂

學習・奇趣・輕鬆讀

謝謝敵人造就我

從難民到億萬創業家，
利用敵人讓自己更成功的12堂課

CHOOSE YOUR ENEMIES WISELY：

Business Planning for the Audacious Few

派崔克・貝大衛（Patrick Bet-David）、
葛雷格・丁金（Greg Dinkin） 著

閻蕙群 譯

獻給我過去、現在與未來的敵人們

感謝你的再造之恩！

你說自己沒有敵人？

哀哉！吾友，那並非值得誇耀之事；

凡是勇於上場作戰、

敢於堅守崗位的人，

必定會樹敵！

從不樹敵，豈可能成就大業。

從未奮勇對抗叛徒、

從未嚴正駁斥謊言、

從未挺身撥亂反正，

你就只是個怯戰的懦夫罷了。

——蘇格蘭詩人查爾斯・麥凱（Charles Mackay）

謝謝敵人造就我

目錄

CONTENTS

公司的聲譽是留住人才的關鍵／以大膽的行動建立忠誠度／回顧前一年以找出優秀員工／一名搖滾巨星勝過十名普通員工／為文化打造正式與非正式的儀式／沒有志同道合的人難成大事

第九課

願景與資金基石

本章內容摘要／如何闡明願景？／宣布願景後用數十年的光陰來衡量成敗／清楚闡明你的願景／與團隊一起建立願景／找到你的「為什麼」／讓投資金主「看到」你的願景，切記：要言不繁／電梯簡報的三大要素／電梯簡報——鉤子／個案研究：Airbnb ／投影片簡報的重點內容／募資簡報的感性層面——陳述／團隊、財務狀況和提問

名人推薦

「本書是一本超棒的指南，教大家制定出一份能加快公司成功的事業計畫，但它的核心其實是對美國資本主義的頌歌——貝大衛本人就是一個活生生的證明：只要擁有正確的動機，任何人都可以實現自己最狂野的夢想。」

——肯・朗格尼（Ken Langone），家得寶（The Home Depot）公司聯合創辦人

「我父親教給我的人生道理中，最受用就是『切莫虛度逆境』。你無法控制生活給你帶來的挑戰，但你可以決定如何應對它們，並讓它們助你一臂之力。在這本鼓舞人心的書中，派崔克・貝大衛出色地詮釋了這個理念，並一步步為你指明了一條道路，幫助你實現自己的商業夢想。」

——威爾・吉達拉（Will Guidara），暢銷書《超乎常理的款待》（*Unreasonable Hospitality*）作者

「派崔克很有大局觀，這一點很少人能做到。而且他能夠利用其洞察力來鼓舞和激勵有志者，實現他們的最高目標。」

——湯米．摩托拉（Tommy Mottola），索尼音樂前董事長暨執行長

「貝大衛所分享的事業計畫，其設計基礎不禁讓人聯想到打造天才的公式是靈感和汗水，只不過他還加上了一些變化……他為任何需要制定事業計畫的人，提供了一本通俗易懂的指南。」

——書評網站（*Booklist*）

導言

敵人是助你成功的至寶

「智者從敵人那裡得到的益處，多過愚者從朋友那裡得到的益處。」

——巴塔薩．格拉西昂（Baltasar Gracián），十七世紀西班牙哲學家

事情發生在二〇〇二年十二月，當時二十四歲且身無分文的我，跟我爸住在一間小公寓裡。我生活中的唯一規律，是每晚按順序輪流到洛杉磯這六家夜店報到——馬鞍、伊甸園、世紀、鑰匙、皇宮和都柏林，所以有時候我是從身在哪家夜店，來判斷星期幾的，真可說是「週」而復始哪，但後來我因為打架太多次，而被都柏林俱樂部拒於門外。

當時我的人生可說是諸事不順，而且情況糟到我甚至和一名募兵人員商量是否要再次入伍，

對方答應幫我還清近五萬美元的債務，條件是我必須服役六年，想了幾天之後我就答應了。

那年的平安夜我正好沒事，於是開車送我爸去親戚家過節，順便讓我自己從悲慘的鳥日子中放鬆一下。當我們到達時，氣氛正嗨，每個人都在談天說笑，我爸也開始用家鄉話和一些親戚閒話家常。就在我和其他客人聊天時，我聽到我爸多年前曾經幫助過的某人竟然開口嘲諷我爸，譏笑他離開伊朗後落魄潦倒。

我記得對話的內容大概是這樣的，他說：「蓋布瑞爾．貝大衛在伊朗是個傑出的化學家，到了美國卻淪落在十元商店當個收銀員，而且還離了兩次婚，現在成了孤家寡人一個。」我爸身旁的一群男人全都哈哈大笑，他說的沒錯：我爸曾經是位傑出的化學家，現在確實在一家經常遇到歹徒持槍搶劫的十元商店打工。此外，他確實和同一個女人（我媽）離婚兩次。雖然這個人沒有什麼惡意，但我從我爸的表情看得出來他很受傷，他整個人看起來就像是縮小了一號。

當時我真的是氣不打一處來，那個男人嘲笑我爸的嘴臉，我爸臉上羞愧難當的表情，再加上當時的我人生也在低潮期，所以我真的是怒不可遏。我強忍住沒對那人飽以老拳的慾望，而是走到那一夥人面前大聲說道：「沒人能這樣跟我爸說話，他為你們做了這麼多，你們怎能這樣說他，我們不待了。」

我轉身對我爸說：「我們走吧。」但他並沒有起身，或許是自尊心作祟吧，他想裝作若無其事。整個房間裡鴉雀無聲，我比我爸高了二十幾公分，但我絕不會對他不敬，我努力控制住自己的怒火，儘量平心靜氣地說：「老爸，咱們走吧，我來開車。」

那群男人盯著我倆，看著我們父子在進行一場無聲的角力。現場的氣氛極其緊張，只要誰不小心說錯一句話，場面就會變得很難看。房間裡所有人的目光都集中在我們身上，最後我父親開口說道：「為了避免塞車，我們就先告退了。」這雖然讓他保住了面子，但我看得出來他的臉色很難看。

我倆走了出去，我爸一直忍著沒說話，直到我們上了車，他才轉過身子對我說：「兒子，你怎麼了？你讓我在家人面前丟臉了，這可不像你的作風，那傢伙只是在開玩笑，他其實沒什麼惡意。」

「我不管他是開玩笑還是認真的，」我說，「但沒有人可以那樣對你說話。」在接下來的三十分鐘裡，我不停地對我爸說：「除非他們殺了我，否則總有一天我會讓全世界都知道我們姓貝大衛。」我甚至說不出「他們」是誰，但我真的氣炸了。

對於我的氣急敗壞，我爸只是不停地搖著頭說：「你到底怎麼了，兒子？」我不知道當時我爸心裡是怎麼想的，但我能感覺到他並不相信我說的話，我還沒向他證明我會說到做到，所以這些話聽在他耳裡比較像是氣話，而非宣誓。

但這並沒有阻止我繼續說下去，「沒有人可以這樣對我爸說話，誰都不行，你也不應該讓別人這樣貶低你，不管我們過得有多苦。」

當我們終於回到位於格拉納達山的破舊社區，並走進我們合租的公寓，我對我爸說了最後一句話：「我要讓全世界知道你是個多麼偉大的父親。」然後我打電話給我姐和姐夫，請他們明天過來開會。隔天他們如約而至，我對大家說：「除非全世界都知道我們姓貝大衛，否則我是不會去睡覺的，遊戲到此結束了。」

＊＊＊

在那場不歡而散的平安夜聚會過了六年後，我創辦了一家金融服務公司，數年後我又創辦了一家媒體公司。那次我父親受辱跟這本關於事業計畫的書有什麼關係？關係可大了。

你很快就會明白，**事業規畫的成功關鍵就是選・對・敵・人**。是的，你沒看錯——選對敵人。在商場上，會阻礙你成功的因素包括挑戰、仇敵、背叛、破產和意識形態；**但我老實告訴你，這些所謂的敵人，其實有可能成為你最大的動力來源，就看你有沒有本事把羞愧、內疚、憤怒，失望和心碎，全都轉化為熊熊烈火，幫助你實現你的雄心壯志**。

你將從本書學會如何利用你的敵人，點燃一根引信，燒出你想要改變的力量。我們將深入探討成功企業家的思維模式，看他們如何化危機為轉機，把最大的挑戰，變成最強的優勢。你還將學會如何利用情緒的能量，把它變為成功的催化劑。但這不僅僅是一本培養成功心態的書，我還將提供實用的工具和策略，幫助你應對商場上的各種挑戰。你將學會如何利用來自敵人的燃料，**制定一份兼具感性和理性且切實可行的事業計畫**。

我完全不知道那晚的聚會，那位高高在上的親戚送給我的禮物是什麼，我壓根沒想到，必須有人侮辱我們家，我才能找到我的成功之鑰。那件事讓我明白了，比起為自己而戰，我更擅長為別人而戰，所以我需要有人冒犯我爸來激怒我。

侮辱我爸的人，意外燃起我胸中的怒火，給了我從未想過的刺激和動力。更巧的是，聚會前不久，我爸才剛因為心臟病二度發作，而在加州大學洛杉磯分校（UCLA Medical Center）的醫療中心住了一個月。此事令我非常擔心他還沒抱上孫子就撒手人寰，我不想讓我的孩子跟我一樣，從未見過自己的爺爺。人在接二連三遇到難關、壓力山大時，要麼卡關、要麼過關，蒙主恩典，讓我找到了克服逆境並改變人生的方法。

為了不讓貝大衛這個姓氏蒙羞，我立刻改掉所有的壞習慣，從此不再流連於夜店，而且一有空就閱讀投資、銷售以及任何主題的商業書。我姐和好友羅比推薦了《人性的弱點：卡內基教你贏得友誼並影響他人》（*How to Win Friends and Influence People*）以及《讓顧客開口說成交》（*How to Master the Art of Selling*），我反覆閱讀並勤做筆記。

但我的事業並沒有一夕爆紅，也沒有在隔年就開花結果。我不希望你以為我的創業過程一帆風順，其實每個人都可能遇到障礙，我當然也不例外，很有可能你剛做出一點成績，就失去一個大客戶，或是有人挖走你的王牌業務員。我個人就飽嘗屋漏偏逢連夜雨之苦，每次付不出帳單的時候，偏偏遇上挑戰來湊熱鬧，這讓我更難抵擋募兵人員的誘惑，他承諾幫我還清債務，給我一條輕鬆的出路，一口氣解決我所有的問題。

你也會遇到同樣的阻力，你必須拿出十二分的努力來克服逆境。就在我以為轉危為安的時候，我就丟掉一筆大生意，然後我唯一的資產——那輛被朋友們戲稱為我「老婆」的福特休旅車——因為欠繳貸款而被車商收回了。那種感覺就像你好不容易往前進了一步、卻又倒退了三步，當我所有的努力都沒有出現在我的銀行戶頭時，我真的感到精疲力竭。

幸好每當我想放棄時，我就會想起當時那群人嘲笑我爸的畫面，這讓我興起一定要證明他們錯了的欲望，這就是為什麼我不斷強調找到敵人的重要性。

在那次終生難忘的聚會過了二十一年後，這本書出版了。我想讓你明白，有時候我們一心一意只想知道**如何**成為人生贏家，卻忽略了真正的重點，或許你該找到的是**為什麼**要贏，有人羞辱過你嗎？有人操縱你嗎？有某個老師或家人令你感到羞愧？敵人驅動我們的方式因人而異，但**正確的敵人驅動你的方式**，**是盟友永遠辦不到的**。

有些「專家」說做生意不能感情用事，我就問他們獲得了什麼樣的成功，他們便滔滔不絕地介紹自己的學位，出版了哪些著作，還不忘吹噓他們念的名校，以及優越的成長環境。但他們多半沒有任何商業上的成就可以拿出來說嘴，我猜他們這輩子不曾被別人冒犯過，抑或許是他們被教導在商場上不要隨便展露情緒。但不管是什麼原因，當我得知沒有敵人燃起他們的怒火時，我便知道我才是真正受到神明眷顧的幸運兒。

選擇你的敵人：別的商業書不會教的事

大多數人都很愛聽白手起家的故事，但有另一些人——像你這樣敢於冒險的天選之人——則想找出自己的致富公式。「有心」和「鍥而不捨」之類的詞語雖好，但它們無法告訴你該怎麼做才能實現自己的夢想。

你可能知道我的背景，知道我如何從一無所有（十歲時因戰爭而逃離伊朗，後來爸媽離婚，靠救濟金勉強度日，學科成績的平均積點〔GPA〕只有一點八，不打算念大學），但在三十歲便創辦了一家金融服務公司，並在二〇二二年七月賣掉公司，專心做我的下一個二十年大業。那是我在YouTube上開設的一個名為價值娛樂（Valuetainment）的頻道，為觀眾提供商業建議（真希望我當年創業時就知道這些資訊），而它也成了創業者最愛觀看的頻道。我是在經營另一家公司的時候，同時經營這個YouTube頻道，因此我後來才得以把這個品牌，擴大為一家一手包辦內容、顧問和製作的全方位媒體公司。價值娛樂也在短短幾年內，製作了Spotify上排名第一的商業播客、舉辦各種現場直播的大型會議、員工人數增加到近百人，並成功輔導創業者擴大其事業規模。

我猜你肯定迫不及待想知道：這些成就是如何辦到的？

我有什麼祕密法寶嗎？我是不是有個存放在保險箱裡的革命性想法？

這答案可以說「是」，也可以說「不是」。

要說「不是」，是因為一開始我也跟大家一樣，是用傳統的老方法制定我的事業計畫。

要說「是」，是因為我年復一年回顧我過往一年為何成功或失敗，並且不斷調整我的做法，從而創造出我制定事業計畫的獨門做法，並取得了巨大的成果。

我的事業計畫是舉世無雙的。

它跟我研究過的任何事業計畫都不一樣，且經過多年的測試，與無數次的修正，才得出此一公式，然後又花了幾年時間將它簡化，以便任何人都能獲益。最讓我自豪的是，它是可以複製的，所以每個人，特別是你讀者，都可以用它來制定你自己的事業計畫。

我策略性地運用理性和思維，這是大多數人開始的地方，卻也是大多數人停止的地方。我並不想打造一個平凡無奇的事業，我只以金錢做為唯一的衡量標準，我想做些能夠激勵我和團隊的事情。

我明智地選擇敵人，因為他們使得我能在賺到遠遠超出我需要的金錢之後，仍充滿鬥志地繼續追求我的人生大計。現在的我在某些人眼裡已經是人生勝利組了，但我絲毫沒有想要放慢腳步的念頭。相反的，我不斷從舊的敵人「畢業」，並轉戰新的敵人，他們會提供新的「燃料」，讓我帶著更高昂的鬥志且更專注地投入下一個目標。

我創辦的金融服務公司，便是靠著這套事業計畫，在十三年內，將公司旗下的保險代理人從六十六名擴大到四萬名，且退場價碼高達數億美元。我們公司裡的大多數保險代理人都沒有大學學歷，但年收入破百萬美元的多達數十位。此外還有數以千計其他行業的人，在我的指導下制定了有效的事業計畫，使公司的規模不斷擴大，且業務蒸蒸日上。

本書的副標題提到「敢於冒險的天選之人」（audacious few，有人譯為膽大包天）是有原因的，這本書是為了那些擁有願景、夢想以及敢於競爭的人所寫的。我已經預見有些人會認為我提出的做法有點極端，但我認為這麼做才能成為「敢於冒險的天選之人」。

如果你不想錯過任何一個優勢，如果你是個誠實且樂於接受回饋的人，我將引導你踏上非凡成就之路。如果你是個敢於競爭的人，別人的懷疑和討厭只會讓你愈挫愈勇，你會想要知道自己的盲點，以便讓自己變得更好。**那些敢於冒險的天選之人，會為了自己的人生、傳承（legacy）和家人努力拼搏，他們絕不會抄捷徑或自我設限。**

你將從本書學到什麼

無論你是老闆、基層員工、公司的高管、獨資的一人公司，還是打算創業的學生或上班族，你們要經歷的過程都是一樣的。我會告訴你如何選對敵人，並利用你被敵人激發的情緒，制定出有效的事業計畫。

我已經見過一些一蹶不振的人，或是停止夢想的人，重拾人生方向並取得令人驚嘆的成就，靠的就是選對敵人，這是制定一套有效事業計畫之首要且最重要的元素。

我之所以會寫這本書，是因為它能幫助自行創業者和內部創業者（intrapreneurs，用創業家心態在公司裡上班的人）——無論你還在準備創業階段，還是已經在經營一家企業（規模大小都沒差）。既然別的計畫都行不通，我們就要走一條與眾不同的道路。本書絕非坊間大多數人所教的那種無趣做法，如果你正為失眠所苦，趕緊去買個教你如何撰寫事業計畫的課程，肯定能讓你呼呼大睡。而本書要教你如何成為一名領導者，能帶著你的家人、朋友和團隊一起成長。

這個撰寫事業計畫的過程，絕對令你耳目一新。

我以前超討厭撰寫事業計畫，感覺就像我最不喜歡的老師出的家庭作業。由於我個人的學養不足又缺乏專注力，所以根本看不懂那種技術性的事業計畫專書，但我必須弄清楚如何組織我的想法，並為我的公司制定一套作戰計畫。我希望寫出一份能激發我的靈感，並能實現我的雄心壯志的事業計畫。我發現撰寫一份有效的事業計畫，其實只需三個條件：

一、它必須簡單到讓你願意寫。

二、它必須有個能令你情緒激動的敵人。

三、它必須有著邏輯清晰、條理分明的步驟。

每個人需要撰寫事業計畫的時間各不相同，所以你在什麼時候閱讀本書並不重要。有些人可能正在創業、重組現有業務，或是設定新的目標；還有些人可能即將開始新的體育賽季或新的學年，所以時間跨度（time horizon）也不重要。這套方法其實還可用於募款或政治活動，因為它們有個共同點：你正充滿期待地展望未來，還有什麼比得上一個嶄新的開始、一個沒有失敗的記錄？這讓你得以把一切安排妥當，全力實現你的目標。

這套事業計畫可適用於任何人：

- 剛入職且沒有大學學歷的社會新鮮人。
- 營收達到五億美元，正打算擴大公司規模，或是正在規畫退場的執行長。
- 想成為內部創業者以增加淨資產的企業高級主管。
- 剛開始創業或從事業務工作的退伍軍人。
- 想增加收入與激勵團隊的業務主管。
- 想兼顧事業成功和家庭幸福的夫妻檔工作夥伴。

明智地選擇敵人是成功的催化劑，選到對的敵人，他是助你一飛沖天的火箭燃料，但若被報復和嫉妒沖昏頭而選錯敵人，你可能被不甘心的情緒給毀了，所以**關鍵是明智地選擇敵人**。你將會看到，這是有套程序的：你必須找到對的敵人，而且只要一想起你為什麼必須打敗此人，你就會情緒激動熱血沸騰。你將會看到很多案例，讓你明白為什麼此一策略如此有效，而且你可以如法炮製。

不過你還需有一套條理分明的計畫，大家可能聽過這樣的說法：你得先讓人們明白**為什麼**要這樣做，再教他們**如何**做，但其實你和身邊的人必須對此**二者**皆了然於胸，既知道如何做、也說得出為什麼要做。

我已經教會我的團隊，如何把他們的精力放在選對敵人上，而且還培訓了一群「小老師」，把事業規畫的方法教給公司裡的每個人。這就是為什麼我知道此一做法是可以被複製的，而且你不但自己能學會，還可以教會你的團隊。

我認為所有的夢想都是神聖的，不過創業者的夢想要承擔較高的風險及不確定性。許多人為了實現夢想，或許已經賭上自己的名譽和生計，還放棄了一份高薪工作。你將在這些滿懷希望的時刻，開始創造自己的命運。我知道接下來發生的一切，不但攸關你日後的發展，還會左右你死後遺留在世間的評價，更重要的是，規畫不周是造成大多數夢想夭折的原因。

不過只要你按照我的方法來制定事業計畫，就能避免你的夢想胎死腹中。當你完成所有步驟後，就能做到以下：

- 學會如何善用自己的情緒，讓自己持續努力不會懈怠。
- 找到你的願景，定義自己想成為什麼樣的人，並放膽做大夢。
- 知道該採取哪些具體行動，才能完成那些「難如登天的目標」（Big Hairy Audacious Goals，BHAG）。
- 學會找到投資金主與募集資金的最佳做法。
- 改善你在公司內外的人際關係。
- 學會帶人，讓你的團隊和你一樣充滿幹勁。

讀完本書後，你將會以截然不同的眼光看待事業計畫，並學會我跟我的團隊用了十五年的有效做法。如果這套方法只對我管用，那你可以聲稱它是無法複製的，但已有數以千計的其他領導者都說有效，所以我知道它也適合你——只要你肯下工夫。

這是一套能讓大家人生與事業兩得意的完整攻略。

而這一切得從一個你絕對不能做錯的步驟開始。

你必須明智地選對敵人。

第 1 部

兼具理性和感性的事業計畫

第一課

事業計畫的十二塊基石

夫未戰而廟算勝者，得算多也；未戰而廟算不勝者，得算少也。*

——《孫子兵法》計篇第一

當時我正忙於一筆大生意，牽涉的金額高達數百萬美元，我必須全神貫注，所以我告訴助理幫我擋下所有的來電，並攔住所有想找我的人。現在回想起來，我應該雇用一個身材更壯碩的助理才對，不過說真的，就算是巔峰時期的勞倫斯・泰勒（Lawrence Taylor，前美式足球的知名線

* 譯注：開戰前需召開會議（廟算），若勝算高即可出兵，勝算低則不出兵。

衛），恐怕也攔不住這傢伙。

一個名叫厄尼的員工衝進我的辦公室大叫：「這種日子我真的過不下去了！」他渾身顫抖地說道，「我不能再這樣下去了，我已經走投無路了，我真的想贏想瘋了。所以我現在要告訴你，我要成為公司的王牌經紀人，我說到做到！」

但他的怒火很快就被淚水澆熄，而且一發不可收拾，足足哭了半小時。厄尼當時十九歲，銀行戶頭裡只有四百美元，學歷只有高中，而且完全不懂商業技能。儘管厄尼發下宏願，但我不確定他是否有足夠的競爭力。

當天稍早，賴瑞曾向大家簡報了他的事業計畫，他的台風穩健，充份展現了他優異的學經歷：畢業於加州大學洛杉磯分校（UCLA）、曾任職於諾斯洛普．格魯曼公司（Northrop Grumman，總部設於美國的跨國航太及國防科技公司。），他說話簡潔有力，就跟他身上的筆挺襯衫一樣俐落。看來他不僅家教好，而且爸媽肯定能在他需要時助其一臂之力。

你不難想見，賴瑞的事業計畫無可挑剔，他用多張 Excel 試算表和圖表，條理分明地規畫了今年的目標。可是當我請他告訴我，為什麼他的事業對他如此重要時，他卻露出困惑的表情；當我問起賴瑞的敵人時，他指著裝訂成冊的計畫說道：「執行長，所有的相關細節全寫在裡面了。」我當下真的很想檢查他的心跳。

厄尼的計畫書則慘不忍睹，內容雜亂無章，當然也沒有提供任何相關的數字或預測，甚至沒有重點摘要。當我問起厄尼有什麼找到潛在客戶的策略時，他又崩潰了，泣訴原生家庭的日子過得有多苦，我告訴他：「我明白你的苦處，但你還是得要有一份計畫，你到底想做什麼？」

他無言以對，雖然我不清楚全部的故事，但是看得出來原生家庭對他造成很大的傷害。厄尼花了好一陣子才讓自己平靜下來，他口齒不清地嘟囔著：「只要能夠擺脫貧窮，我什麼都願意做。」

要是厄尼曾在現場聆聽賴瑞的簡報，我懷疑他還敢誇口說自己要成為公司的王牌經紀人。但我在他身上看到了我自己也有的特質：我也是個情感豐沛的人，我不認為這有什麼不好，不過有些商界人士並不認同。

請問你，如果你是我，你會雇用誰？是厄尼還是賴瑞？雖然你們並不認識這兩個人，但你肯定知道他們屬於哪類人。事實上，他們代表了我多年來共事過的人，在他們進化成敢於冒險的天選之人之前，我見過的每一個人，必定屬於其中一類：理性（邏輯很強）或感性（情感豐富），為了便於記憶，賴瑞代表理性，厄尼代表感性。

二〇〇五年當他們坐在我位於格拉納達山（Granada Hills）的辦公室裡時，兩人都夢想著有朝一日定要飛黃騰達。

根據你對這兩個人的了解，你會賭哪一個能成功實現目標，無論是減肥、創業還是在公司中升職？

而你對這些問題的回答，將告訴我很多關於你的資訊，如果你比較看重理性，你就會賭賴瑞贏，如果你比較看重感性，你就會賭厄尼勝。

但根據我二十多年來的經驗，無論你是押寶賴瑞或厄尼，都不是個聰明的選擇。理性派人士認為，厄尼做事沒條理，恐怕很難完成工作，募集資金就更別提了，我確實沒有冤枉他。而感性派人士懷疑賴瑞缺乏動力，也是不爭的事實，如果你的想法跟我一樣，你就會問厄尼：「既然你已經把貧窮視為敵人，並下定決心要戰勝它，那你為什麼寫不出一份計畫書呢？」

有趣的是，厄尼看似較占優勢，因為他有較強的動機，而那動機來自於他更需要這份工作。表面上看，你的想法是對的，但是根據我曾輔導過數千人制定事業計畫書的經驗，我發現賴瑞能找到一個他更需要這份工作的理由。我們都有一顆心，而且都會因為傷痛和夢想而情緒激動，只是大多數生意人都被訓練不要感情用事，有些人是為了保持冷靜，而特意避免情緒激動；另一些人則是因為傷心太多次了，所以他們也會全力避免自己再受傷。

問什麼問題最能讓人情緒激動，你猜得沒錯，這個問題就是「**你的敵人是誰？**」如果對方無法馬上回答，我就會問他們討厭誰，或是誰曾經懷疑過他們，誰曾經阻撓過他們，以及他們必須向誰證明對方看走眼了。面試者乍聽到這個問題時通常會一臉茫然，當我進一步追問（有時則是靜靜坐著，切莫低估沉默的力量），答案通常就會出現，他們會把憋在心裡的怒氣一吐為快。或許賴瑞小時候曾因不擅長運動被同學嘲笑而留下心理創傷，甚至到現在偶爾還會夢到體育老師嚇醒；或者令他怒火中燒的人是他的前上司、朋友或家人。但不管對方是誰，我們必須弄清楚敵人是誰，才有辦法繼續前進。

哪個更重要？經驗vs.動機

我們繼續來看看感性和理性之人的差異。你會押寶哪個人：曾待過知名大企業且積蓄頗豐的帥氣業務員，還是一個毫無技能、亟需得到這份工作來養家糊口的菜鳥業務員？

你會押寶哪個人：是欠下賭債且走投無路的系統工程師，還是經驗豐富且生活安定的工程師，哪一個人更有可能為你趕工，在極短的時間內完成你要的新應用程式？

你會押寶哪個：是經驗豐富、準備較充分的團隊，還是「像著了魔似的」的團隊——他們正因為失去一名隊友或是受到委屈而群情激動。

我希望你看到這裡會忍不住脫口而出：「派哥，不要再舉例了，為什麼理性和感性不能兩者兼得呢？」

其實兩者不僅可以兼得，而且**當你在制定事業計畫時，更必須兼顧理性和感性**。所以我才會請你確認你偏向哪一邊，以及哪裡需要改進。如果你只重理性，那麼你可能很難激起人們的熱情，但只要用我的方法，你就知道該做出哪些改變。如果你只有感性，那你肯定苦於發展系統與保持有條不紊，而我這套結構分明的計畫必能幫上你的忙。

不過還有一點請你務必牢記，雖然我相當推崇感性，但它也有個缺點：**那些一心想贏且願意做任何事的人，往往真的會為了獲勝而不擇手段，甚至不惜犯法。不論他們是你的員工、承包商或供應商，都有可能令你的事業面臨風險**。所以我要鄭重提醒你，惟有訴諸**正確的感性**——包括你自己和對方，才有可能為你的計畫助攻。

所以在我們進一步討論之前，必須先釐清哪種感性才有利於事業規畫。

我們要的感性不是衝動的、誇張的、暴躁的、魯莽的或不理性的。

我們要的感性是熱情的、著迷的、瘋狂的、強大的、有目標的以及鍥而不捨的。

我所謂的感性，並不是指那些選錯敵人的魯莽份子，而是指那些敢於冒險的天選之人，他們是銳不可擋的。

兼顧感性和理性，正是一般人在做事業規畫，或是商務會議、業務推廣、推銷簡報以及人事招募時，經常漏掉的那個重要環節。

你是否覺得我怎麼瘋狂跳針？這其實是我過往數十年來擔任執行長的經驗談，我曾犯了很多錯，次數多到我都不想記住，所以我才要不斷叮嚀你。因為大多數人都被洗腦，要把理性和感性分開，所以我會繼續強調，光由賴瑞或厄尼撰寫的事業計畫，幾乎必敗無疑，必須結合理性與感性才能成功。

要是你認為感性在商場上無用武之地，將會阻礙你有效使用我的事業計畫。還有人主張[1]，運動男兒有淚不輕彈，但迪克・維米爾（Dick Vermeil）教練是美式足球界出了名的哭包，卻也是唯一一位贏得超級盃（Super Bowl）和玫瑰盃（Rose Bowl）雙料冠軍的總教練。籃球之神喬丹（Michael Jordan）、網球天后小威廉絲（Serena Williams）、綜合格鬥家康納・麥奎格（Conor McGregor），以及高爾夫球星老虎伍茲（Tiger Woods），全都很感性，他們表現情感的方式可能不同，但他們的感情都很豐沛。

商界菁英也是如此，特斯拉的執行長伊隆．馬斯克（Elon Musk），已故的英特爾執行長安迪．葛洛夫（Andy Grove），還有已故的蘋果執行長賈伯斯（Steve Jobs），全都是感情豐富的商業巨擘，且都很擅長把感性導入理性的商業策略中。

徒有滿腔的熱情是不夠的，但是很會做試算表也是不夠的，若想進化為敢於冒險的天選之人，你必須將感性與理性融為一體。

人們看待事業計畫的六種方式

一、根本不做。
二、把它當成家庭作業：敷衍了事。
三、為了給別人留下好印象而做，但是半途而廢。
四、做出一個周密的計畫，但只有理性毫無感性。
五、說了一個充滿感性的夢想，但沒有給出任何理性的執行步驟。

唯一可行的做法：

六、**以敵人為燃料，做出一份兼具感性與理性的事業計畫。**

我用兼具感性與理性的計畫募到千萬資金

當我在二〇〇九年創辦一家金融服務公司時，我的感性爆棚，逢人就侃侃而談我們公司的願景：二十年後要擁有五十萬名有證照的保險代理人。這番話聽在某些人耳裡，就是個不知天高地厚的三十歲屁孩說的大話，但也有一些人被我的熱情打動，並提出一個合理的問題：「那你要如何做到呢？」

我的宏願成功引起人們的注意，我的滿腔熱情令他們想要了解更多，這是一項重要的推銷技巧，但是我在說明我要如何做到時，卻繼續打情感牌：「我們要打造瘋狂努力的文化！我們死都不會放棄我們的願景，而且我們要辦很多棒到不行的活動。」

喜歡文字的讀者應會注意到，**我的那番話裡用了好多個形容詞，但形容詞並不能取代具體的策略，拿不出兼具理性的事業計畫，根本無法吸引精明的投資人。**

我的故事跟許多創業者如出一轍，能感動人是一項罕見的特長，它讓那些口才好的少數天選之人，能夠在沒有任何經營實績的情況下白手起家，並說服一群人跟隨他們一起打拼。但是內部創業者、顧問和會計師，擁有一般創業者不具備的優勢，因為他們很擅長財務預測和擬定戰術，所以商場上有好幾組赫赫有名的合作夥伴，就是感性加理性的組合：例如賈伯斯＋史蒂夫．沃茲尼克（Steve Wozniak）、巴菲特＋查理．蒙格（Charlie Munger）、祖克伯（Mark Zuckerberg）＋雪柔．桑德伯格（Sheryl Sandberg），以及比爾．蓋茲＋保羅．艾倫（後來變成比爾．蓋茲＋史蒂夫・鮑爾默〔Steve Ballmer〕），都是被世人津津樂道的商界最佳拍檔。

但我沒有共同創辦人，而且過了一段時間才發展出我的理性技能，並且招來一支擅長理性分析的團隊來提升我的優勢，剛創業時的我只能靠一些基本技能單打獨鬥。

時間快轉到二〇一七年，當時我想為公司募集一千萬美元的資金，我們公司的願景沒有改變：到二〇二九年將擁有五十萬名有證照的保險代理人。但現在投資金主再問我要如何做到時，我已經能夠提出合理的答案；這是因為❷我聘請了湯姆・艾爾斯沃思（Tom Ellsworth）擔任我們公司的總裁，他是個思維敏捷的邏輯高手，也是一位經驗豐富的募資專家。湯姆曾協助多家公司的退場，其中包括促成 JAMDAT 以六・八億美元的價格被 EA Sports 收購。

在湯姆的指導下，我們順利制定了一份募資計畫與財務預測報告，你將會在第九章看到整套公式。我們給投資金主看了我們過去八年來的成長率、根據真實數據所做的未來成長預測、一份包含具體策略的成長計畫，以及跟其他同業相比的各項指標。

這份募資計畫完美結合了理性和感性，不只有熱情洋溢的簡報，還有周詳的事運計畫與合理的業績預測，當場就引起投資人的興趣。

他們迫不及待地開出支票，我們也很快就募集到一千萬美元的資金，這就是感性與理性結合的強大力量。

故事有兩種

能令人心動與行動的故事（感性）

令聽眾興奮莫名

能證明你所言不假的故事（理性）

令聽眾認真關注

各領域的贏家都是兼具感性與理性的人士

等你開始撰寫事業計畫，就會明白感性和理性必須兼顧不能偏廢，因為它倆是相輔相成的。雖然我們已經被訓練得只依賴其中一個，但其實我也具備邏輯能力的，我記得我小時候很愛研究棒球員的比賽數據（box scores），我對數字很在行，只是缺少把數據分析導入業務的經驗。在我讀了《魔球》（*Moneyball*）這本書之後（也看了由布萊德・彼特飾演男主角比利・比恩〔Billy Beane〕的電影），我便對數據更熱衷了，而且開始喜歡收集數據，並進行商業分析。

但這並不表示我不感性了，我還是會對我的團隊傾吐我的心聲，因為我知道帶人要先帶心，等大夥明白我的用意，再告訴他們執行的細節，效果會更好。反之，如果不告訴他們**為什麼做**，只是一聲令下要大家**做什麼**，肯定會失去人心。

我並不是一開始就很會制定事業計畫，所有大家可能犯的錯誤我幾乎一個沒漏，但每個錯誤都讓我學到了寶貴的教訓。所以我才會再三強調，大家一定要從選對敵人開始做起，然後接下來的每個步驟都要結合感性和理性。因為感性能提醒我們**為什麼**要這麼做，而理性則告訴我們該**如何做**。

我憑什麼認定大家會樂於把感性和理性結合起來？因為這能引起所有人的共鳴，不會受限於聽眾的性格、氣質和教育程度。我親眼見證到我們公司裡各種不同背景的人才，在開始運用所有基石後業績蒸蒸日上：

一、會計師、營運長與分析型人才終於明白，為什麼他們的簡報明明那麼「厲害」——充滿各種數字和圖表，卻讓台下的聽眾睡成一片，而且沒有人願意執行他們精心設計的策略——因為雖然很合理卻無法打動人心。

二、在我創辦的金融服務公司中，女性主管超過半數（五五％ vs.行業平均值的一七％），自她們踏入社會後，就一直被人灌輸商場容不下感性的歪理，但是我告訴她們：表達情感很重要，而認同我的人都在職場上闖出一片天。

三、我們公司的少數族裔主管（拉丁裔占五四％，黑人占二四％），也學會了化憤怒為力量：把被人輕視的弱勢地位，當成激勵自己上進的資產。

四、對於本就充滿愛國熱情且驍勇善戰的退伍軍人，這種兼具感性與理性的事業計畫，理所當然很能引起他們的共鳴。

五、退役的運動員也很信這一套，因為最厲害的運動教練，個個都是兼具理性與感性的大師：他們最懂得利用賽前的精神喊話，激勵運動員做出超水準的表現，但仍必須搭配理性的作戰計畫，才能確保贏得比賽。

綜上所述，無論是在體壇、商場還是戰場上，你都能打造一支願意為你賣命的團隊，但他們必須知道會遇到哪些阻礙，以及如何突破阻礙。

贏得比賽的運動團隊必定擁有最好的

比賽計畫

打勝仗的軍隊必定擁有最好的

作戰計畫

能創造長期價值的企業必定擁有最好的

事業計畫

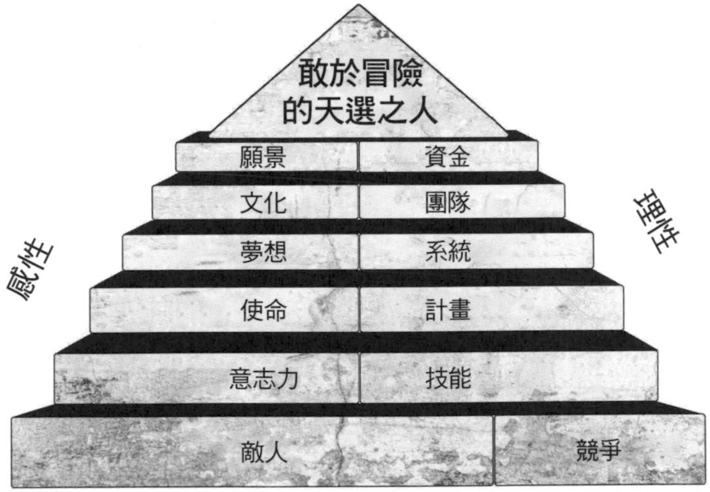

理性與感性一樣重要，所以理性撐起了本書的半邊天，並引導我創建十二大基石。

請看上圖即可明白我提出的十二大基石，完美地結合了感性和理性。

當你觀看這張圖表時，我希望你關注三件事。首先，**選對敵人是基石的基礎**，所以你要從這裡起步，因為它能提供動能，讓你為了成功做出必要的犧牲，並付出必要的努力。其次，你必須把各有六塊的感性和理性基石，全數納入整個計畫中。

最後，要想登上頂峰，成為一名敢於冒險的天選之人，唯一的途徑就是匯聚這十二塊基石：

敵人與競爭

意志與技能

使命與計畫

夢想與系統
文化與團隊
願景與資金

因為感性和理性是息息相關密不可分的，所以接下來每一章的內容，都結合了一塊感性基石和一塊理性基石。想要制定出能讓你更上一層樓的事業計畫，任何一塊基石都不能偏廢，哪怕只寫寥寥數語都行。為了讓你寫出適當的內容，每一章都提供了填寫基石的行動方針、思想實驗和問題，讓你可以完成一份最棒的事業計畫。

在填寫各個基石的內容時，請記住這份事業計畫的觀眾有三種：

一、**你本人**。這份計畫讓你清楚知道自己該採取哪些行動。

二、**你的團隊**。一份效果強大的計畫，能讓團隊中的所有人都清楚你們的目標，並產生使命感，願意抓緊時間高效運作。

三、**投資金主**。給投資金主看的內容，跟你為自己和團隊所寫的內容是截然不同的。你將會在第九章中看到，必須讓投資金主看到什麼樣的內容，他們才會踴躍開出大額支票。

賴瑞和厄尼學會了融合

你還記得我在二〇〇五年遇到的厄尼嗎？當時沒經驗且沒技能的他堪稱是舉步維艱，全靠他的職業道德和工作熱忱幫他撐過頭幾年，但他卻拒絕讀書，也不改善自己的弱點。雖然他聲稱自己願意做任何事情，但他並未走出舒適區，所以他能做的事情其實不多，他快要幹不下去了。

我在那年遇到的另一名部屬是賴瑞，他一出場就光芒萬丈，他的能力強、做事有條理，總能如期完成任務。由於他為人處事牢靠，不但獲聘為正職員工，還開始升職。沒想到就在厄尼快要撐不下去的時候，一帆風順的賴瑞也卡關了。他買了房也結了婚，正式躋身人生勝利組，聰明的他輕鬆就能完成工作，而他也就這樣得過且過，結果沒過多久他就成了「四點五十九分俱樂部」的成員：他們這些未充分發揮潛能的人，因為急著下班，甚至連五點鐘的下班鐘響都等不及。賴瑞不知道自己的敵人在哪，也缺少向前衝的激情，只能寄情於喝酒、電玩和射飛鏢。厄尼因為比賴瑞更有幹勁，所以會工作到七點才進酒吧，但他總是陪著賴瑞一起喝到酒吧打烊。

他們倆都必須取得對方擁有的那塊基石，因為光憑他們自己的那塊基石，不足以做好工作，更別說實現他們的夢想了。賴瑞對那些「感性的東西」很「感冒」，厄尼則對試算表和書籍很頭大，而且他倆跟大多數人一樣：不見棺材不掉淚——非要等到大難臨頭才願意改變。

賴瑞的妻子威脅要離婚，厄尼的直屬上司只肯再給他兩個月，如果工作技能還是未達到行業標準就滾蛋。他們倆最終皆面臨了殘酷的現實：他們必須做出決定，看是要放棄還是要改變。

我很高興他們倆都來找我尋求幫助，當我把這個有效的事業計畫與他們倆分享時，他們都看到了一線希望。他們的任務很明確，只要認真寫下十二個基石即可，這件事雖然不能算是易如反掌，但是相當簡單。當他們面對那十二個空白的基石，只得正視自己的弱點，並找出解決的辦法。厄尼的工作技能顯然需要迎頭趕上，當他在空格裡填上該學的課程和該讀的書籍後，便因為確定目標而感到士氣大振。至於從未認真想過自己有何願景或敵人的賴瑞，則必須深思什麼東西能讓他提起幹勁，以及他想讓家人在未來二十年過上什麼樣的生活，這讓茫然的他找到了想要為它打拼的明確使命。

你或許也正處於類似的職涯階段，你已經獲得了一定的成就，也明白是什麼阻礙了你更上一層樓。所以你的挑戰就是在解決自身能力不足的同時，還知道如何善用你的超能力。請放心，我已經輔導過數以千計處於類似處境的人，當他們一看到這個計畫是如此的簡單、可行和有效，便自然而然地將感性和理性結合起來，從而獲得了驚人的成果。我可以舉出數以千計的案例，讓你看看普通人如何運用此一方法獲得了飛速的發展。

＊　＊　＊

讀完本章後，我希望你能像我當年那樣，憤而離開那個氣人的派對後，恨不得立刻就能獲得成功。你會受到激勵並萌生想要征服世界的萬丈豪情，這就是感性的作用：使你採取行動。但你還需要理性的制衡，才不會因為感性氾濫，而在酩酊大醉或意亂情迷的情況下倉促決定結婚，或是在未做充分的調查，就把畢生積蓄全砸入某個投資標的。所以在我們展開第一項工作——選擇正確的敵人之前，我們必須先回顧過往。

第二課

回顧過往才能走得更遠、更穩

越是反省過去，越能展望未來。

——邱吉爾，英國二戰期間首相

我已經向無數人推薦《愛之語：兩性溝通的雙贏策略》（*The 5 Love Language*）這本書，我甚至還東施效顰地製作了一支影片❸，名為「企業家的九種愛之語」，因為知道說什麼話才能打動別人是很重要的。我還知道每個人都是不一樣的，但只有極少數人願意花時間去搞懂對方喜歡什麼樣的愛之語（用商業術語來說，就是行為／購買風格）。

把這本書推薦給我的人，曾做過一項很有趣的調查，他詢問每個離了婚的人，他們前任的愛之語是什麼，結果幾乎沒人答得出來。想像一下，如果你和某人結了婚，卻不知道什麼行為能讓對方感到被愛和被欣賞，也難怪你倆無法白頭偕老了。

而這些失敗的婚姻有個共同點：**沒有做好計畫**。

俗話說：「旁觀者清」，當我們觀看電視節目主持人菲爾博士質問某人，為何做出不理性的選擇時，身為吃瓜群眾的我們也很好奇：「你這傢伙**當時**到底在想什麼啊？」這些人完全憑情感行事，他們是不平衡的，他們並未考慮過任何理性基石。企業失敗也是如此，許多個案研究顯示，任何稍具理性思維的人一看就知道，這些企業打從一開始就注定活不成了，因為他們漏掉了決定其命運的關鍵一步。

他們只知向前看，但是你在撰寫事業計畫之前，**必須先回顧過往**。

在撰寫任何計畫之前，這一步絕不能錯過。就以失戀為例吧，有些人分手後便迫不及待地上酒吧（或是上交友APP換人！）找新的約會對象，以為這樣就叫做重新出發。要是這次還是不行，那就再換個人，轉眼間好多年過往了，我們會說：「欸，為什麼我就是找不到穩定的關係？為什麼搞了這麼多花樣還是行不通？」像這樣的創業者我看的多了。

造成約會或生意失敗的答案其實很簡單，只怪當事人少問了一個非常重要的問題：「當時我該採取什麼不同的做法？」你要麼不想正視自己的角色，要麼把自己的角色合理化，你懶得研究趨勢，也不改善自己的弱點。簡而言之，你沒發現問題全部出在**你自己**身上。

有些人認為忘記過去，只朝前看才是上策，他們認為往者已矣來者可追，如果你把房子賣了，並準備搬進新家，那就沒必要追究當初是怎麼把舊家搞得像座垃圾場，但真的是這樣嗎？

但首先我必須告訴你，除非這是你頭一次創業，否則絕不可能船過水無痕，因為凡走過必留下痕跡，你的舊家之所以會變成垃圾場，完全是你的壞習慣造成的，你最好花點時間了解它**為什麼會這樣**。是不是在你內心深處有著某種傾向，你明知它是不好的，卻還是積習難改？

我之所以會再三強調要回顧過往，是因為我多年來一直忽略了這一點，我曾失敗多次，最後終於明白**最重要的數據就藏在剛結束的那一年裡**。

為了預測未來，你必須研究歷史。

你去年發生了哪些事？哪些事做對了？計算你的目標實現了幾成，就可以對你去年的表現做出客觀的評價。如果你的目標百分之百實現了，有可能你的目標挑戰性不夠，你沒有設定讓自己徹底發揮潛能的目標，而是選了容易達成的目標。它通常也代表你沒有選擇正確的敵人，要是你找到必須打倒的敵人，你自然就會提高你必須達到的標準。

如果你實現的目標還不到六成，則有兩種可能。其一，你沒有拼盡全力；其二，你沒有制定最好的策略。所以問題出在努力或策略，根據我的經驗，大多數人是不夠努力，而問題的根源則是因為沒有選對敵人，所以缺乏想要拼命的激情。

很多人喜歡為失敗找藉口，他們會說，沒人知道他們的企業有多麼與眾不同，也不知道他們有多拼，所以他們會怨天尤人，一切都是別人的錯。

在制定事業計畫時，很多人會犯同樣的錯誤，他們恨不得把去年的爛表現忘得一乾二淨，並用「從頭來過就好啦」來安慰自己。

找到新戀情可能令你很興奮，但除非你能記取之前失戀三次的教訓——找出你的傾向和盲點——否則你就會繼續犯同樣的錯誤。

如果你想跳過這部分，如果你想竭盡全力忘掉去年的事情，那就說明你最需要它。要是哪個傢伙堅持主張，不必對剛過世的富有祖母驗屍，我會嚴重懷疑是他害死的！

每當球隊表現荒腔走板，一般教練都會很想把錄影帶扔掉，絕口不提這場比賽，但是像比爾・貝利奇克（Bill Belichick）或尼克・塞班（Nick Saban）這兩位最厲害的美式足球教練，他們會仔細研究每場比賽的細節。如果某個軟體的發表會失敗了，專案經理必須對整個過程中的每個步驟進行事後回顧，心臟外科醫生也是如此。

回顧過往從錯誤中汲取教訓也是軍事訓練的關鍵，每次行動都必須做彙報，哪些事情做對了以及哪些事情做錯了，都必須如實呈報，這樣才能制定出最佳做法，並納入新的作業程序中。

企業也不例外，如果不解構流程，並確認是哪裡出了問題，那要如何解決問題？有一本書叫做《做好彙報就能贏》（*Debrief to Win*），作者是羅伯特・「瘋狗」・特希納（Robert〔Cujo〕Teschner），他曾是一名戰鬥機的飛行員，透過本書教企業如何研究過往❹，特希納認為：「一個組織能否獲得長期的成功，關鍵在於當責制度（accountability）的落實程度，以及領導者是否要求自己及其團隊，切實執行他所做的決策。」

你實行過當責制嗎？你是否有勇氣和耐心，與你的團隊坐下來回顧失敗或錯誤的具體細節？

我可以告訴你，除非你是一人公司，否則在創業的過程中，你肯定會做出很多錯誤的決定，犯錯是很正常的。

新錯誤沒關係，老錯誤那可不行。

當你雇用了一個不稱職的員工，別只是叫人資開除此人，應該找來參與面試過程的每一個人，並認真回顧：我們在哪裡出錯了？有打電話詢問前東家嗎？有仔細詢問履歷表上的就業空窗期嗎？理性和感性兩方面都考慮到了嗎？是否對新人的到職設定了正確的期望？

你做任何事情，都要養成回顧過往的習慣，並從回顧去年的事業計畫開始著手。

如果你之前沒做過事業計畫那就算了，如果你正在回顧之前的事業計畫，請用螢光筆標示你實現、錯過了哪些目標，並記下發生了哪些預料之外的事情及其原因。如果去年你沒有制定計畫，那就花點時間回想一下去年的情況，然後回答以下問題：

- 你去年有寫下新年願望或個人計畫嗎？
- 你實現目標了嗎？
- 你從做了或未做的事情中學到了什麼？
- 你有一個明確的焦點嗎？你有納入公私兩方面的目標嗎？
- 你的計畫是否有明確的衡量標準來判斷成敗？

想要了解更多回顧前一年度的方法，請參考本書附錄A。

摒除雜念專心做正事

富蘭克林（Benjamin Franklin）曾說過：「我一向認為一個能力尚可的人，如果能制定一個好的計畫，然後謝絕一切娛樂活動，或是盡力摒除會令他分心的雜務，把執行這個計畫當做他唯一的研究和事業，那他一定可以做出了不起的改變，並獲得了不起的成就。」換言之，想要做大事就得摒除一切干擾。

現在就花點時間想想，在過去的一年裡，有哪些事件盤據你的心頭？你為哪些事情浪費了時間和精力？

創業必會遇到逆境，你要認真應對，如果無法克服逆境，你就等著玩完。看看以下這份清單，檢視你是否受到影響：

- Yelp 或 Google 上的一則差評。
- 本該三天就可處理好的事，卻花了三星期。
- 有毒的人際關係。
- 不可靠的供應商。

● 懷恨在心的前員工。

是否有任何事件困擾你好幾個月，害你無法專心於正事？你是否因為面子問題，整天只想著復仇，搞到本末倒置？這些情況我都經歷過，所以我很清楚浪費時間做些徒勞無功的活動，例如看電視、瀏覽社群媒體、觀看體育比賽、聊天以及喝下午茶，都會害我們損失可觀的機會成本。

羅馬帝國的哲學家皇帝馬可・奧理略（Marcus Aurelius）曾說過：「要是不能讓我的損失得到充分的回報，我絕不會讓任何人奪走我的時間。」既然時間就是金錢，那麼失去時間就等於損失金錢，所以你必須要捫心自問：「如果我能摒除雜務，我的人生會變成怎樣？」

請列出過去一年裡曾令你分心的五到十件事。

● 什麼事會令你心情沉重？
● 你能清除哪些干擾？
● 你將如何清除干擾？

當你回顧過去的一年，請坦承是什麼偷走了你的時間和精力，如果能戒掉以下嗜好：酗酒、看A片、賭博、IG、冰淇淋和網戀，很有可能改變你的人生。你不僅能夠留住寶貴的時間和精力，而且重點是你正在向你的大腦發出信號，表明你是認真的。我曾在二十六歲時對自己許下諾言，除非我賺到第一桶金，否則我就「不開機」，結果我真的堅持了十七個月沒有任何性生活，而我的精神和財務狀況都比之前好很多。

我是在當兵的時候開始喝酒的，如今我戒酒快二十年了。現在的我覺得不喝酒是天經地義的事，但還是經常有人找我喝酒，而我的回答是：我為什麼要喝酒？我若喝酒可能會洩露太多資訊、注意力無法集中、記憶力減退、無法學習，而且還會幹些蠢事。我非常不想幹蠢事，我希望隨時都能做出最棒的決定，當我想通這個道理後，我毫不費力就戒酒了。

魯道夫．瓦加斯（Rodolfo Vargas）是我們公司的一名業務高管，他是來自薩爾瓦多的移民。之前曾在西爾斯百貨公司擔任保全，薪水入不敷出，但轉職到我們公司後，卻在七年內就變成年薪破百萬的高薪一族，他說：「**有捨才有得，天下沒有不勞而獲的好事**。這些年來，我戒掉了汽水、冰淇淋、酒精和睡懶覺，我好多年都沒看電視了。小孩出生之前，我連週日都在工作。」

魯道夫告訴我，他可以從部屬同意改掉哪些壞習慣，預測出對方的業績。是沒那麼誇張啦，但我要告訴你：你最好能兌現你的承諾，因為一旦你食言了，你就破壞了一整年的計畫。

在向前邁進之前，你必須先回答這個問題：我必須改掉去年的哪些作為？

婚姻和事業成功都需要奇蹟

我們已經知道結合理性與感性對於事業計畫至關重要，為了讓你更明白我的意思，且讓我用婚姻來做個比喻。

我曾問過很多人，成功婚姻的定義是什麼，最常見的答案是維持婚姻關係，這時我會再問兩個問題：如果一對夫婦在一起生活了五十年，但彼此都很痛苦，這算是成功的婚姻嗎？如果一段婚姻僅維持了三年，但雙方願意相互支持，共同養大兩個孩子，這樣的婚姻算不算成功？這兩個問題讓大多數人意識到，他們並不想要一個勉強維持的婚姻，同理，他們也不想要一個勉強能糊口的事業。

而且跟事業一樣，你必須兼具感性（心靈）和理性（頭腦），才能建立成功的伴侶關係。所以我會從「期間」和「深度」來定義婚姻和事業的成功。所謂的「期間」（duration）指的是持續多長時間，它代表你做的好事夠多，並努力度過難關。「深度」（depth）則是指你對自己做的事情充滿熱情、有番作為，並使你的「口袋變深」，大多數人都想兩者兼得。

想要創造深度和持續時間的關鍵在於適當的規畫，但是對於婚姻，大多數人都會犯下這樣的錯誤：婚禮規畫過度、婚姻規畫不足。人們花太多時間和精力在規畫喜帖、禮堂和喜宴，卻沒有花時間討論彼此的價值觀、財務和家庭。在我結婚之前，我讀了諾曼・萊特（H. Norman Wright）所寫的《訂婚前應問的一〇一個問題》（*101 Questions to Ask before You Get Engaged*）一書，而且看完全部的問題，所以我非常清楚自己想要什麼。我也讓當時的女朋友珍妮佛讀了這本書，這本書讓我們認真思考我們的婚姻能否兼具深度和時間。結婚十四年後，我們共同養育了四個孩子，並繼續攜手打造深刻的婚姻生活。

有些人聽了此事就指責我是個機器人，那些浪漫主義者認為，愛情又不是做生意，根本沒必要靠讀書來決定自己的感情，遇到對的人你自然會知道。

我同意愛情不像生意，但我們討論的不是愛情，而是為了達到特定目的所締結的合法伴侶關係。想要為這樣的合夥關係制定一套可行的計畫，我們需要兩樣東西：感性和理性，但還有別的東西，它很難描述，但你能從骨子裡感覺到。

我們還需要**奇蹟**。

我知道奇蹟一詞會讓理性掛帥的人抓狂，他們把它跟「超自然」或「神祕」混為一談，但這兩個名詞並不精確，因為奇蹟是無法用言語表達的。奇蹟是一種**感覺**，你覺得自己在對的時間出現在對的地點做對的事，你感覺自己身處在一個上下一條心、力量奇大無比的團隊。它會令你全身起雞皮疙瘩，手臂上的汗毛豎直，但說它是讓人恍然大悟的「啊哈時刻」也不夠到位。當你看到有人點醒某人，知道他們發現了一個將改變其人生軌跡的想法，就是見證奇蹟的時刻。當你身處在一個跌破眾人眼鏡的團隊，並發現另一種方法來完成看似不可能的事情，這也是奇蹟。這些奇蹟時刻讓你創建的企業，不再只是一家提供商品或服務以換取報酬的普通公司。

經營一家企業其實就是每天完成一堆任務，如果沒有奇蹟的加持，這些任務就像無聊的例行公事，但有了奇蹟，任務就變得很有**意義**。我已經詞窮了，但我可以告訴你，**沒有奇蹟，婚姻和事業都會失敗**。

但即使有了奇蹟，你仍然需要兼具感性和理性基石才能成功，所以我才會在每個人結婚或創業前警告他們，結婚和創業都很容易失敗。我並不是鼓勵人們逃避婚姻或創業，事實上我也經常提醒大家，**不做承諾和選擇安全的人生道路，其實風險更大，關鍵在於明智地選擇你的承諾。**

婚姻和事業都充滿了艱難險阻，心碎、失望和破產乃是家常便飯，但大多數人在結婚或創業前，都沒有做好足夠的規畫，所以不明白其中的風險，才使得事態變得更棘手。

既然有這麼多證據顯示婚姻和事業很容易失敗，為什麼人們還是不假思索地跳進這些危機四伏的水域？

其中有個原因是：成功的滋味美爆了，恩愛的夫妻或成功的企業，都讓人羨慕到流口水。我們也渴望獲得這樣的成功，也有可能我們只是渴望獲得成功帶來的戰利品，導致我們眼中只看到結局的美好，卻忽略了過程中必須付出的努力。

另一個原因是我們不想格格不入，結婚乃是一種社會常規，大多數人都是跟著照做。你問某人為什麼想結婚？因為大家都這麼做啊，但這是結婚的好理由嗎？這是創業的好理由嗎？說到創業，我不厭其煩地提醒大家注意攻擊、壓力以及工作與生活失衡的情況。我還舉了很多例子，告訴你如何過上精彩的生活，不論你是一名受雇者還是企業的內部創業者。

「不要」因為這些理由結婚與籌辦婚禮：

一、你所有的朋友都結婚了。

二、你想成為眾人矚目的焦點。

三、你害怕孤獨。

四、你希望辦場美妙的婚宴並收到很多禮金。

「不要」因為這些理由創業：

一、你被創業的榮耀所吸引。

二、你想快速致富。

三、你很享受被投資金主青睞的快感，但你並不喜歡實際的經營工作。

四、你厭倦了目前的工作，想轉戰商界。

還需要看一些統計數字嗎？美國疾病控制和預防中心的資料顯示[5]，四四・六%的婚姻以離婚告終。勞工統計局[6]的資料則顯示，有半數的企業撐不過五年，七成的企業撐不過十年。撒錢辦婚禮可能會毀掉一段婚姻，撒錢辦產品發表會則可能毀掉一個企業。許多人在一開始就注定要失敗，何以如此？因為他們沒有先回顧過往，他們沒有研究歷史，他們自以為能戰勝統計數字，卻沒有做好該做的工作。我只能不斷敲響警鐘，但要不要認真研究你的過往，決定權在你手上。

如果你仍然不相信結婚也跟創業一樣，需要走完一個理性的程序，那就讓我們做個比較吧。

如前所述，人們經常搞錯重點，對婚禮規畫過度卻對婚姻規畫不足，我們在商場上也會犯類似的錯誤：對推銷和提案規畫過度，卻對企業的永續經營規畫不足。

我們的婚姻往往是感性泛濫、缺少理性，對事業則是理性過頭、缺少感性。

缺少理性和規畫，婚姻和事業都會失敗。對於感性至上的浪漫主義者，我同意你們的觀點：

結婚前必須深思的事項

- 擴張：生養孩子、擴大家庭規模
- 彼此的價值觀和原則
- 目標與夢想
- 讓你的價值觀跟遺產永遠流傳子孫

創業前必須深思的事項

- 擴張：市場、區域、辦公室
- 企業的價值觀和原則
- 使命與願景
- 讓你的價值觀、資產永遠流傳／接班

結婚必須準備的相關文件和法律協議

- 婚前協議書（預見問題）
- 財務計畫
- 遺產規畫

創業必須準備的相關文件和法律協議

- 合夥及經營協議（預見問題）
- 薪酬計畫
- 接班計畫

光有理性是不夠的，因為就像我之前說的那樣，沒有奇蹟的加持，婚姻和事業都會失敗。如果你們沒有火花、沒起雞皮疙瘩、不覺得興奮，你們是不會成功的。我百分之百相信奇蹟是一項必要條件，而且我還想告訴你，你們還需要更多東西，才能進入婚姻或創業的正式階段，沒做好足夠的準備是行不通的。

創業者不外乎以下三種類型：

一、馬虎哥（Winger）

二、思考哥（Thinkers）

三、苦幹實幹哥（Doers）

大多數人是用敷衍的態度撰寫事業計畫，所以這類人的數目遙遙領先，他們最後只會東拼西湊出一份事業計畫交差了事。

你是哪種人？別再閃躲了，請具體說出你的情況，你是個銷售高手，但是對系統一竅不通；你很會激勵士氣，卻不會應對危機。請仔細想想你在哪方面真的很不在行，以及你打算如何解決這個問題。既然我一再強調研究歷史的重要性，我們就來觀摩一個注重企業長久經營的國家吧。

規畫學日本、執行學美國

傑佛瑞．萊克（Jeffrey Liker）寫的《豐田模式》（*The Toyota Way*）一書於二〇〇四年出版，迄今已售出超過一百萬冊，且被翻譯成二十六種語言，對全球企業造成了巨大影響。

我在二〇〇九年剛滿三十歲的時候創辦自己的金融服務公司，當時對很多方面的業務都力不從心，根本沒資格成為一名執行長。我只有滿腔的熱情和成功的意志，在一位導師的敦促下，我閱讀了《豐田模式》，並學到了書中強調制定長期願景的重要性。

我在公司成立的第一天就誇下海口，說有朝一日將邀請美國總統、大牌藝人以及運動明星，到我們的大會上發表演講。我還大膽宣布，二十年後我們公司將擁有五十萬名有證照的保險代理人。由於我們一開始只有六十六人，所以這個目標聽起來十分荒謬，許多人建議我把目標定為一年後人數倍增，或是三年後達到五百名有照經紀人即可，這些人顯然都沒讀過《豐田模式》。

經營上百年的企業在美國就足以被視為老牌公司，但是在日本傳承超過百年的企業有五萬多家，世界上歷史最悠久的公司金剛組（Kongo Gumi），甚至已經在日本經營了一千四百多年。當被問及他們是如何做到這一點時，前執行長說：「別喝太多。」[7]換句話說，就是要清心寡欲——不要慶祝過頭，不要「沉醉」於社會地位，不要分心，專心致志才能**長期經營**。

在現今這個被華爾街股市牽著鼻子走的世界裡，許多企業一心只想著達成每季的業績目標，但其實長期思維才是經營企業的王道。我們不應再沉迷於媒體的大幅報導和造勢，而應做好繼任人選的規畫、培養領導力和創造價值。如果在思考問題時太短視近利，所以沒能制定出高瞻遠矚的事業計畫，那麼你的成功將會是曇花一現。

但日本模式的缺點則是缺少急迫感和靈活度，而這正恰好是美國企業的長處，所以你應該汲取美日兩種文化的優點，這樣你的公司就能兼顧長期發展，且有能力適應瞬息萬變的市場。而我的事業計畫就是平衡發展十二塊基石，我相信這就是最棒的經營模式，而你只需跟著我依樣畫葫蘆就行了。

我們不妨參考《豐田模式》的做法，採取至少看到二十年後的大局觀，要達到此一目標，你必須運用兼具感性和理性的十二塊基石。

請記住，雖然我們很想立刻開始擬定計畫，但首先必須回顧過往，西班牙裔的美籍哲學家喬治・桑塔亞納（George Santayana）就曾告誡我們：「不能銘記過去的人，注定會重蹈覆轍。」如果你想改變未來，你不僅要記住過去，還要承認錯誤，並制定新的策略來防止再次犯錯。

第三課

成為敢於冒險的天選之人

人生最快樂之事，莫過於做到別人說你做不到的事。

——華特．白芝浩（Walter Bagehot），英國記者和商人

我們已經討論了事業計畫必須結合感性與理性、還有它的十二塊基石，以及如何回顧過往，以創造奇蹟、深度和持續期間。現在我們就來看看，那些敢於冒險的天選之人，制定其事業計畫的整個過程。

儘管我的事業規畫做法將會成為一項年度活動，但其實從何時開始都沒關係，你可以在一年中的任何時候拿起本書，並照著做計畫。如果你是學生，可以從九月開始規畫，這就像企業的會

3-1：事業規畫流程圖

1 回顧前一年的表現
2 選擇敵人
3 創造奇蹟、持續時間和深度
4 完成其餘十一塊基石
5 第一季（修正路線）
6 第二季（修正路線）
7 第三季（修正路線）
8 第四季（強勢收尾）

計年度（fiscal year）通常與曆年（calendar year）不同，你的事業計畫也可比照辦理。但無論你的第一季是結束於三月還是十一月，你的第一個步驟都是回顧前一年。

步驟一：回顧前一年的表現

這點我們已經講過了，但我想再次強調，你不僅要回顧你的事業，還要回顧你的私生活。有些人想要打破世代詛咒，聖經俱樂部的共同創辦人克萊倫斯・海恩斯二世（Clarence L. Haynes Jr.）指出：「世代詛咒指的是把罪惡的行為傳給下一代，因為它在下一代身上被複製了。」[8]

世代詛咒主要是指吸毒、賭博和酗酒等行為，但亦包括虐待、匱乏心態（譯注：易使人陷入窮忙的狀態）和受害者心態這些無形的東西。《市井詞典》（*Urban Dictionary*）則舉了這樣的

例子：「尚恩是個多情種，才二十八歲就已經跟三名女性生了四個孩子，這個世代詛咒讓他跟父親一樣：為了養活孩子只好拼命打工，但是賺的錢只夠勉強糊口。」❾

對於是否要提及「世代詛咒」一詞，其實我還猶豫了一下子，最終我覺得這個詞唯一的用處就是警惕大家，找出家族裡代代相傳且很難擺脫的不良模式，並努力防止它延續下去。我看過太多人拿它當藉口，把自己的失敗全部歸咎於世代詛咒。

俗話說，家家有本難念的經，每個家庭都有其「世代詛咒」，但最終總得有個人去改變它們，我只能接受你用過去式來提及世代詛咒一詞，並說明你的改變和進步。當你回顧過去的一年時，仔細找找你在哪些地方卡關，花點時間檢視自己是否有哪些不好的行為模式，同時要留意自我破壞（self-sabotage，譯注：是一種會在日常生活中造成問題、並會干擾長期目標的行為）。如果你發現你家確實一直有某種不好的行為模式，請務必導正它。

有些人的前一年過得有聲有色，簡直是個人有史以來表現最好的一年，但即使別人對你欣羨不已，你很可能因為沒有完全發揮自己的潛能而感到痛苦不已。無論你是勝利組還是失敗組，都必須對前一年做個檢討，看看自己在哪些方面可以改進。

據《富比士》（*Forbes*）雜誌報導，有高達九成二的人沒能實現他們的新年願望，他們因為辜負了自己以及他人的期待而感到羞愧。❿

這就是為什麼你必須進行個人盤點，誠實面對你在過去一年中有哪裡做得不夠好，以及你為什麼不能信守承諾。

步驟二・選擇你的敵人

檢查完去年的情況後，下一步就是選擇你的敵人。研究過去一年的情況會給你提供一些線索，例如不夠努力或是慢調斯理，幾乎可以確定是因為沒有敵人，或是敵人的挑戰性不足以激發你的熱情。

我們將在下一章詳細介紹美式足球明星湯姆・布雷迪（Tom Brady）的傳奇戰績，當他在二〇二〇年投效新東家坦帕灣（Tampa Bay）海盜隊（Buccaneers）時，他必須選擇新的敵人來激起自己的鬥志。雖然之前他曾與新英格蘭愛國者隊（New England Patriots）六度贏得超級盃冠軍，但這並不代表他一定能贏第七次。但是當他確定了敵人後，他就有了動力去解決其他問題，例如他必須完善他的訓練方案，以防止受傷並保持最佳狀態。他還必須增強他的輔助陣容，包括找來邊鋒（tight end）羅伯特・格朗克斯基（Robert Gronkowski）以及其他球星助陣，直到他完成所有的基石。

選擇正確的敵人只是第一步，但也是最重要的一步，只要確定了你必須擊敗的敵人，你就會有足夠的動力去完成計畫的其他部分。只要你擊敗某人或某事的決心夠強，所有的基石就變得非常重要。並不是某天你一覺醒來後，就會突然轉性開始喜歡試算表。而是你厭倦了失敗，厭倦了羞愧，所以你下定決心要打敗敵人，你不會再把它視為苦差事，而會看成獲勝的工具。當你抱著戰勝敵人的願望拿起一本書時，你就不會覺得念書好煩，因為你知道這是改變你人生的機會，你的人生也會如此。

你的傷口和不安全感有可能是你最珍貴的資產。

當我研究那些頂尖人物時，我發現他們幾乎都曾在人生中的某個階段被人欺負過，此事會一直留存在他們的記憶中，無論他們是否有意識到，這就是他們成功的原因。無論是被手足、親戚、朋友、爸媽或教練欺負，都會在被欺負者心中引發嚴重的不安全感。無論這個人將來多有成就，這份不安全感似乎永遠不會消失，知名美式足球員湯姆．布雷迪曾說：「我的一切得來不易，我的心從不允許我休息，我的心中始終有股怨氣，以及一些永遠無法撫平的傷疤。」[11]

布雷迪的這句話讓我想起了英國知名播客《現代智慧》（*Modern Wisdom*）的主持人克里斯．威廉森（Chris Williamson），他在第二三七集節目中訪問了《執行長的日記》（*The Diary of a CEO*）一書的作者史蒂芬．巴雷特（Steven Bartlett），威廉森提到：「我在念書期間一直不受歡迎，被人欺負得很慘，沒有朋友相伴……所以我總覺得身上好像有哪裡壞掉了。」[12]

幸好威廉森的成長經歷對他形成一股推力，他說：「我認為那些以為自己是被純粹的愛和正向鼓勵所驅使的人，通常都會感到困惑……有一項針對高度成功者，以及超級成功者所做的研究，也就是頂尖企業的執行長，發現他們都具備了三項特質。第一項特質是**擺脫不掉的不安全感**，第二項特質是**優越情結**，第三項特質是**神級的專注力**。」

研究榮格心理學（Jungian psychology）的學生[13]，可能會發現威廉森的觀點，與榮格（Carl Jung）的陰影理論，以及潛意識會驅動我們的理論，頗為類似。我認同威廉森的觀點，但我還想補充一點，亦即第二和第三種特質其實是第一種特質的結果：是不安全感驅使人們渴望高人一等，從而發揮神級的專注力。換句話說，是**我們的心魔與不安全感，塑造出現在的我們。**

我曾見過很多人變成受害者來解決他們的不安全感，我看到有些人化悲憤為戾氣，導致他們選擇了錯誤的敵人，反過來霸凌別人，或是以自我毀滅的方式行事。大家只要上推特（現為X），隨時都能看到幾百萬個例子！

但也有人明智地選擇了敵人，你或許聽說過這個故事：由同一個酗酒成性的父親撫養長大的兩兄弟，其中一人成了酒鬼，另一人卻滴酒不沾，當別人問起是什麼原因讓他們成為現在的模樣，兩人異口同聲說出：「我是看著父親長大的。」

你想成為故事中的哪一個人？

我們都有不安全感，像湯姆．布雷迪、克里斯．威廉森，以及那位滴酒不沾的兄弟，他們想出了疏導童年創傷悲情的正確方法，並讓自己變得更好。

如果你心平氣和地坐著，聲稱沒有什麼事情能激起你的熱情，請繫好你的安全帶，我即將帶著你展開一趟激情之旅。那些最抗拒真情流露的理性一族，你們將會獲得最大的突破。至於那些早就怒火中燒、額頭青筋暴起、隨時願意穿牆而過的你，你們將要學會翻越那堵牆的策略，而非試圖硬碰硬撞牆而過。你或許認為在生活中逞強證明你很勇敢，但其實這只能證明你根本沒有做好規畫。

步驟三：創造奇蹟、持續時間和深度

制定事業計畫的順序至關重要，選好敵人之後，你就可以暫時放下紙筆或鍵盤，接下來你要考慮如何創造奇蹟、持續時間和深度。請想像這樣的畫面：你創作出了膾炙人口、並在市場上歷久不衰的作品，那會是什麼樣的感覺。請你預想未來二十年的發展，這樣你才能採取足以獲得長期成功的行動。短視近利是人的本性，但這項練習會迫使你把眼光放遠，一步一腳印地踏實前進，以便規畫出一個比你還長壽的企業。

高瞻遠矚的人會更看重創造價值，勝於創造利潤。

為了做出最有效的長期思考，不妨權衡短期利潤和長期價值孰輕孰重。假設有兩家公司，每家公司各有十名年收入二十萬美元的主管，A公司把十人全數解雇，但B公司不但把十人全數留下，還在每人身上投資五萬美元，栽培他們發展領導技能，並花時間親自指點。到了年底，A公司至少省下了這兩百五十萬美元的支出，但如果B公司栽培人才的成效卓著，而且他們看的是長遠未來，那麼B公司終將碾壓A公司。因為當你投資員工時，他們會為公司創造價值，如果你的競爭對手目光短淺，只想追求短期獲利無法延遲滿足，那你的公司就會處於更有利的地位。

有些人想要創建一家傳承數代的企業，他們就做長遠的思考，想要讓你的孩子或孫子繼續經營這家公司，你就必須考慮未來二十年的長期發展，而不會只顧著追求未來兩季的短期獲利。所以你不必急著寫出第三步，而應想像一下未來會是什麼樣子。你以後有的是時間來寫下相關的細節，現在你只需夢想自己創建了一家不斷創造奇蹟的公司，並盡情享受那份愉悅吧。

步驟四：完成其餘十一塊基石

下一步是完成其餘的基石，選擇你的敵人是催化劑，所以你必須先選好敵人，才能接著完成其餘的基石。我會跟你分享許多故事、想法和建議，讓你得以寫出自己的基石，我唯一的要求是每個基石都得寫點東西。

我最常遇到的一個問題是：我這樣做對嗎？

這不是家庭作業，所以不會有「錯的」方法，儘管去寫就對了！只要你讀完本章，並對每個基石認真思考即可，填寫的方式完全由你自己決定。有人說，使命和願景之間的區別不十分明確，還有人會糾結於語義。許多人都很害怕看到老師用紅筆挑出你的錯誤，但這是你的事業計畫，與外人無關。

如果你的基石中出現一些重複之處，這也是很有價值的資訊。例如當你在考慮增加技能和創建願景時，文化出現了，那麼等你開始填寫文化基石時，你就知道這是你該投注精力的項目。

步驟五至八：每季進行一次路線修正（這不是願望清單）

我常說那些過了二月都還沒看自己事業計畫的人，寫的不是事業計畫而是願望清單。

至少每季要修正方向一次，是計畫的一個重要部分。制定事業計畫並不是為了讓它被放在櫃子裡塵封一年，這是一份必須不斷更新的文件。而且我的意思並不是拿出來看一看就算了，或是到辦公室以外的地方辦一場檢討會交差了事。而是要像當初編寫計畫時一樣，這意味著你要……你猜對了，從回顧上一季開始做起。

如果你預計第一季的收入為三百五十萬美元，而實際收入為兩百八十萬美元，請問現在該怎麼辦？你如何向董事會解釋你們的收入比預期少了兩成？

根據我的經驗，我可以告訴你，能讓會議不那麼痛苦的唯一辦法，就是讓大家看到你做了詳細的分析。當你向董事會提出合理的解釋——這部分是我們算錯了，這部分是因為市場情勢改變了，這部分是受到新趨勢的影響——並提出修正後的預測，以及更新後的策略，那你就幫了自己一個大忙，並讓公司重回正軌。

在最後一季之前，你將經歷三次季審查過程。當一年結束時，你將回顧一整年的目標，看看你實現了哪些目標，錯過了哪些目標，以及為什麼。等你徹底回顧上一年的表現後，就選擇一個新的、更強大的敵人。

這個過程永遠不會結束，所以你必須不斷升級挑戰新的敵人。當大多數人獲得一定程度的成功時，就會停滯不前，沒有新敵人的推動，他們不僅會變得自滿，並且懶得鞏固每一塊基石。

當你知道自己要打敗什麼樣的對手時，你的弱點和機會就會凸顯出來，而且能輕鬆填補其餘的基石。有了一個想要擊潰的敵人，你就會受到激勵，年復一年不斷完善所有基石。

事業規畫最大的六種錯誤

一、沒有制定一份計畫。
二、沒有檢討去年的計畫。
三、沒有一個敵人來為你提供火箭燃料。
四、當前的計畫未兼顧理性和感性。
五、沒有讓它當成一份活的文件——沒有用它來管理你的事業。
六、沒跟他人分享計畫（這樣就沒有人可以向你追究責任）。

搞定計畫就可一飛沖天

世上最厲害的大企業都有一個敵人，微軟必須擊敗ＩＢＭ，iPhone 必須贏過黑莓機，蘋果公司的音樂部門繼續與 Spotify 和 Mixcloud 一較高下，你要經歷的過程跟這些偉大的公司是一樣的。當年耐吉能贏過匡威（converse）和愛迪達何嘗不是如此，一九八四年匡威的籃球鞋市占率可是五六％，愛迪達名列第二，且狠甩位居老三的耐吉。[14]

在電影《Air》中，你會看到桑尼・瓦卡羅（Sonny Vaccaro，由麥特戴蒙〔Matt Damon〕飾演）就是在被球員經紀人大衛・福爾克（David Falk）侮辱後，痛下決心一定要簽下麥可・喬丹。劇中有個驚人的場景，福爾克罵了一堆我不能在這裡寫出來的髒話，「我要活埋你」已經算是最客氣的了。

挺身對抗一個資本比你雄厚的對手是一回事，被一個想要毀掉你和你的事業的敵人閹割則是另一回事。一定要讓福爾克承認自己說錯話的欲望，鼓動了瓦卡羅的情緒，迫使他找到新的招術。電影裡的瓦卡羅嗜賭，這就是他的心魔。我們並不知道瓦卡羅所有的不安全感，只知道他極渴望成功，此事令他耿耿於懷。他把福爾克當成敵人而得來的燃料，全數轉化為工作熱情，為了與喬丹簽下籃球鞋的代言合約，他鼓起如簧之舌，對喬丹的家人和耐吉公司的執行長發表動人的演說。敵人確實是最有力的催化劑。

下一步是創造奇蹟、持續時間和深度，簽下喬丹加入耐吉一開始是負現金流，其實就跟任何類型的研發一樣，你必須投資大量資金，卻不能保證回報。但因為耐吉看重價值勝於盈利，因此該公司願意投資喬丹，並開發他的聯名款球鞋系列。

當耐吉簽下喬丹時，創辦人菲爾・奈特（Phil Knight）說：「這是門藝術，你會錯過很多機會……。但只要其他條件也都齊備，就會產生奇蹟。」[15]看吧，即便是一家市值超過兩千五百億美元的大企業創辦人也用了這個強而有力的詞：奇蹟。

耐吉公司還必須湊齊其他基石，才能贏得客戶。對於奈特和瓦卡羅來說，這意味著把資源投入設計和製造，並與財務團隊研商交易要點以及權利金結構。敵人是最重要的一個基石，但我們還需要備齊其他基石，才能鞏固交易並使企業得以繼續營運。

使命是你的基石之一，它包括你做人處世的原則和價值觀。我們可以在影片中看到菲爾・奈特的使命，它們就寫在他辦公室裡的一面黑板上，耐吉的十大原則是：

一、我們的業務就是變革。

二、我們時刻都在進攻。

三、不必在意過程是否完美，結果完美才是重點。打破規則：挑戰法律。

四、商場如戰場。

五、勿預設立場。確保人們信守承諾。督促自己，督促他人。竭盡所能地嘗試一切可能。

六、人盡其才以「地盡其利」。（Live off the land）

七、只有完成工作，你的工作才算完成。

八、留意這些危險：官僚主義；個人野心；能量索取者vs.能量提供者；知道我們的弱點；貪多嚼不爛

九、通往成功之路並非一帆風順。（It won't be pretty）

十、只要我們做對了，金錢自會滾滾而來。

當你知道自己的原則之後，就比較容易做出決策，也比較不容易受到誘惑而抄捷徑，或是追求短期利益而不顧長期價值，這就是為什麼我要帶領你經歷整個過程，然後你就可以開始立下自己的原則和價值觀了。

待所有基石就定位後，耐吉公司就必須回顧每一季的進展並做出調整。身為上市公司的耐吉，本來就承受著每一季都要校正路線的龐大壓力，因為當一家公司的盈利未達預期時，華爾街可是不會留情的。這種時候公司的領導人必須有一番合理的說詞，並備妥正確的計畫讓公司重回正軌。不過耐吉的表現很好，業績好的季度遠多於業績差的季度。耐吉不僅打敗了業界龍頭（匡威）[16]，而且還在匡威申請破產的兩年後，也就是二〇〇三年進一步收購了匡威。耐吉的業績有多好？二〇二三年的NBA賽季中，超過七成五的球員穿著耐吉或Air Jordan球鞋。[17]

雖然每一季的業績有起有落乃是常態，但隨著年關逼近，誰不希望繳出一張漂亮的成績單。知道自己必須回顧這一年的表現和業績，這個想法會給你額外的動力，接下來你要找出新的敵人，並重複所有的步驟。

不論做什麼事，你都可以按照這張地圖努力往前衝。大多數人會在開始一個專案時，列出他們的長短期目標，不過此一做法有兩個問題；首先，你沒有任何數據可供比對分析，若是一個全新的專案，你也至少要反思過去的歷史，並找出自己的弱點。其次，如果沒有敵人，你就無法獲得情感上的激勵，幫助你撐過所有的挑戰性時刻。

要打贏選戰也是如此，你首先要評估個人的實力，並回顧你之前的勝負戰績。然後選擇你的敵人，不論是私人恩怨，還是意識形態之爭都行。如果敵人能激得候選人鬥志昂揚，在心中燃起熊熊烈火，使得這場選戰變成一場善 vs. 惡的較量、必須拼個你死我活，這樣候選人才會有足夠的耐力去完成所有的基石：設計系統、組織陸戰、安排造勢活動、募集選舉經費、準備辯論、組建團隊。接著候選人必須參考民調結果，或是在辯論之後，或是得知對手的新聞之後，持續修正路線。無論你從事哪個行業，都必須不斷調整，一成不變的事業計畫注定要失敗。

如何有效使用本書

有些人喜歡一口氣把一本書從頭到尾讀完，有些人喜歡邊讀邊做筆記，也有人會持續閱讀並把重點默記在心裡。你可以在每一章的

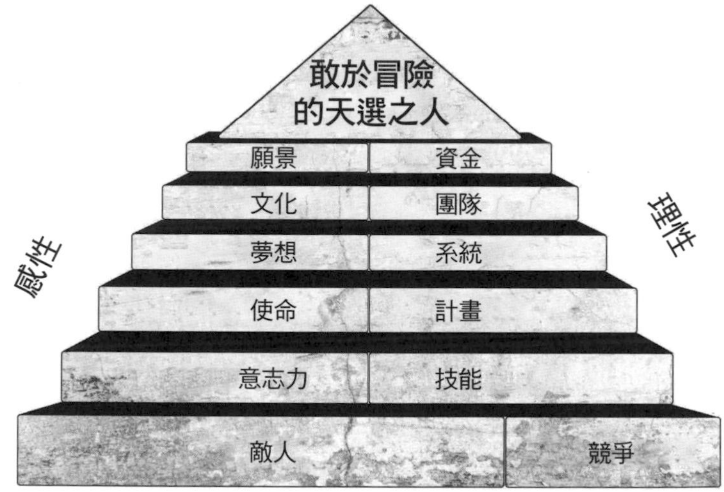

結尾，填寫你的基石，然後在第十章把所有的基石集中起來，並完成你的事業計畫。

等你寫下各個基石的內容，並完成你的每季回顧後，你就完成了一年或一季的工作，你可能想問：這個過程究竟要持續多久？

只要你想擁有一個團隊或企業，就得一直持續做下去。

如果你一直持續這個過程，你就有機會創造出你想要的事業和生活。你一直渴望且必須執行的事項，會一直包含在你的事業計畫中，它會激勵你並給你動力，還會提供具體的行動。只要抱持正確的感性並關注細節，你的事業計畫將成為你和你的企業的重要助力，並讓你的傳承一直延續下去。

第2部

十二塊基石

第四課

敵人與競爭基石

我有敵人，好多敵人，
這幫人就想榨乾老子的精力。

——歌曲《能量》（Energy），加拿大饒舌歌手德瑞克（Drake）

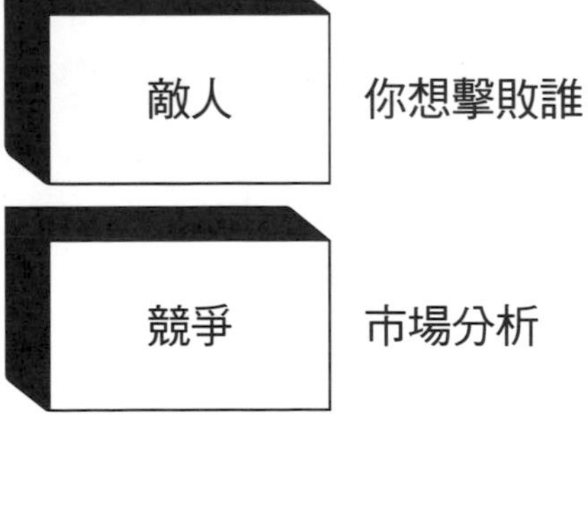

想成為贏家，就得向贏家學習，而我學習的對象是美式足球的傳奇四分衛湯姆．布雷迪。你將會在介紹文化基石的那一章中看到，我曾精心籌畫一場令人津津樂道的特殊活動，讓我的團隊一起觀看布雷迪的紀錄片《賽場上的男人》（*Man in the Arena*），我還請來曾與布雷迪並肩作戰贏得超級盃冠軍的幾位隊友，與觀眾進行問與答，並由我親自主持。

我不是湯姆．布雷迪肚子裡的蛔蟲，當然不可能知道他每時每刻的想法，但應該可以猜個八

2000 年的 NFL 四分衛選秀	先發 / 獲勝	達陣傳球次數	超級盃 奪冠次數
比布雷迪更早入選的六名四分衛	191 次先發	258	0
湯姆・布雷迪	勝 258 場	737	7

九不離十。當年他剛進密西根大學（Michigan University）被列為替補球員，所以他的敵人就是排在他前面的四分衛，對於沒能上場的板凳球員來說，能上場的球員是理所當然的敵人。

布雷迪在二〇〇〇年的NFL選秀成績並不出色，有一九八名球員比他更早被選中；你可能會以為他們全是他的敵人，但這就像把北美所有房仲全都視為你的敵人，範圍太寬了，與亂槍打鳥無異，根本無法產生激情。這就是為什麼布雷迪完全不去理會在他前面入選的六名四分衛：查德・彭寧頓（Chad Pennington）、喬瓦尼・卡爾馬茲（Giovanni Carmazzi）、克里斯・雷德曼（Chris Redman）、提伊・馬丁（Tee Martin）、馬克・布爾格（Marc Bulger）和斯伯根・懷恩（Spergon Wynn）。

這六人比布雷迪更早被選中，肯定令他心有不甘，多多少少也提供了一些讓他力爭上游的動力。但是當他贏得第一座超級盃之後，還要繼續鎖定這些人為敵嗎？那豈不是跟百米短跑世界冠軍尤塞恩・博爾特（Usain Bolt）把我當成敵人一樣。

布雷迪必須不斷汰舊換新他的敵人，這讓他得以儲存夠多的動力，並順利在二〇〇五年第三度贏得超級盃冠軍；這年他才二十八歲，就已經與前輩特洛伊・艾克曼（Troy Aikman），並列史上奪冠次數第二多的四分衛。但下一個夠份量的大敵，竟要等到九年後才出現，難怪這段期間他都未能在超級盃奪冠。就在布雷迪即將年滿三十七歲的二〇一四年，教練比爾・貝利奇克（Bill Belichick）選了吉米・加羅波洛（Jimmy Garoppolo）當布雷迪的接班人，此舉釋放出一個明確的訊息：老將退場換新人上陣已經指日可待了。

你認為在加羅波洛加入球隊後的第一個賽季發生了什麼事？

布雷迪在二〇一五年第四度贏得超級盃冠軍，平了另外兩名四分衛泰瑞・布拉德修（Terry Bradshaw）和喬・蒙塔納（Joe Montana）的記錄。兩年後的二〇一七年超級盃，布雷迪的愛國者隊遇到了亞特蘭大獵鷹隊（Atlanta Falcons），當時布雷迪的母親正在抗癌，卻還是親臨現場幫兒子加油，布雷迪絕不願意在家人面前輸掉比賽。在這麼大的壓力下，布雷迪的表現糟到不行，距離第三節結束只剩兩分鐘時，獵鷹隊以二十八比三遙遙領先。就在眾人感覺大勢已去時，布雷迪竟然帶領球隊演出了ＮＦＬ史上最不可思議的大逆轉，終場愛國者隊竟以三十四比二十八反敗為勝。

布雷迪年滿四十歲時，已經是美式足球史上，唯一一個擁有五枚超級盃冠軍戒指的四分衛，放眼整個球壇實在找不到還有什麼敵人必須擊敗，看來他可以開始退休享清福了，光是當個體育主播和經商就可以輕鬆入袋數千萬美元。

那布雷迪是怎麼做的呢？

他居然又升級打怪！因為有一群人拚命唱衰他，說什麼四十多歲的老將是不可能成功的。ESPN體育台的談話節目《第一觀點》（*First Take*）主持人麥克斯・凱勒曼（Max Kellerman）曾在節目中說道[18]：「湯姆・布雷迪快沒戲唱了，搞不好就是下一場比賽，頂多再撐一年吧。反正他真的不行了，湯姆・布雷迪快要玩完了。」

凱勒曼說出了其他人的想法，相信年過四十的布雷迪（或其他運動員）還能有番作為的人真的少之又少，況且他的教練比爾・貝利奇克也不會一直留戀於過往的榮耀。結果年年把敵人汰舊換新的布雷迪，跌破眾人眼鏡在二〇一八年第六度贏得超級盃冠軍。

看來布雷迪身邊的人很會運用激將法，他們故意說些刺耳的難聽話激他，想不到還真奏效了，看到接球員（wide receiver）朱利安・艾德曼（Julian Edelman）在場邊對著布雷迪大喊：「你老爆了！」[19]的畫面真搞笑。不過身為領導者的你，要搞清楚哪些人可以用激將法、哪些人不能，這樣才能帶動他們的情緒，促使他們做出最佳表現。

二〇二三年NBA的季後賽[20]，當金州勇士（Golden State Warriors）對上了洛杉磯湖人（Los Angeles Lakers）時，ESPN的知名毒舌主播史蒂芬・A・史密斯（Stephen A. Smith）說道：「要是柯瑞（Steph Curry）在這一輪贏了詹皇（LeBron），我敢說他肯定要拿下生平第五個NBA總冠軍，要真是那樣，我們就要把詹皇的頭像從總統山摘下來，換成柯瑞的頭像放上去。」

這段話實在太狠了，令我懷疑是湖人隊的老闆珍妮・巴斯拜託史蒂芬・A・史密斯說的。但這純粹是我個人的猜測啦㉑，而且我在採訪過史蒂芬·A·史密斯之後，便對他佩服不已。我想表達的重點是，激將法是種相當高明的策略，聰明的領導者會用它來激起部屬的競爭鬥志。湖人隊能贏得這一輪的比賽，我認為史蒂芬·A·史密斯厥功甚偉，因為他幫詹皇挑選了一位正確的敵人，讓他燃起絕對不能輸的驚人鬥志。

在我們繼續討論布雷迪之前，我想請你問問自己：你的敵人在家裡還是在外頭？敵人在你的組織裡還是在外頭？此事關係重大，一定要弄清楚，絕不可馬虎。

你認為部隊裡的教官為什麼老是要找新兵的碴？因為這能讓新兵們產生同仇敵愾的心理：教官會成為全排士兵的外敵，以此來營造一種戰時心態，讓士兵們的槍口一致對外，專心對付敵人，而非鬧內鬨或自相殘殺。

重點是你一定要體認到，誤把同志當成敵人時可能會造成的傷害。例如很多人把自己的配偶視為敵人，也有爸媽把自己的孩子視為敵人，這些人就是沒有選對敵人，禍起蕭牆根本是人倫悲劇。我的兩個兒子經常互不相讓，老愛爭個高下，所以我們三人一起玩遊戲時，我總會讓他倆組成一隊一起對抗我，如此一來他們就成了隊友而非對手。能夠組隊打敗爸爸他們可開心了，所以他們會英勇地為對方而戰而非互鬥。

他們之間是否存在與生俱來的手足競爭關係？當然有，我會設法他們更加反目成仇嗎？當然不會，我可不像喬丹的老爸，故意要讓他跟哥哥爭個高下。我不能說這個做法完全不對，但我認為家長要拿捏好分寸，切記：適當的柴火能讓家裡變暖，但火勢過大就會把家燒光。所以我在家裡總是設法讓孩子相親相愛，因為我知道外頭永遠不缺敵人，這些敵人能讓我兒子表現出最好的一面。

姻親也是好用的敵人，只要你跟你老婆讓你們雙方的爸媽過度插手你們的家務事，肯定能讓你們夫妻倆感情升溫。這種情況在事業心很強的夫妻檔中相當常見，當他們有了共同的敵人後，就再也不會聽到其中一方抱怨另一方只忙著工作不顧家庭，而是聯手打敗這個敵人，並用敵人提供的動力，賺更多錢與增進感情。

外部敵人能激勵團隊並促進團結，但內部敵人則會令團隊分崩離析。

組織內也有類似的情況，身為領導者的我，刻意打造一種激烈競爭的文化，屈居亞軍的業務員，可能會對冠軍很不服氣，而高階主管可能會對執行長很不爽。但請別把我們公司這種「互相漏氣求進步」的文化，跟那種大搞辦公室政治的文化混為一談，在後者這種組織中，你會被人從背後捅刀子，或是彼此互看不順眼。有些主管因為害怕被部屬超越，不但不提拔優秀的部屬，還會在領導的背後說三道四。

有人說愛國者隊二〇一九年的賽季就是被找錯敵人給毀掉的，有傳言說貝利奇克把布雷迪當成敵人，教練和四分衛的關係失和，導致愛國者隊在外卡賽中輸給了田納西泰坦隊（Tennessee Titans），這是球隊八年來首次在季後賽的主場輸球。

布雷迪也跟你一樣，會回顧上一年度的表現，儘管布雷迪已經是史上最出色的四分衛，但回顧這個賽季，他仍能找到四個截然不同的敵人：

一、憎恨者和懷疑者，比如ESPN的體育主播馬克斯・凱勒曼聲稱布雷迪已經被淘汰了。

二、他的教練比爾・貝利奇克[22]，有人說他對布雷迪失去信心，還禁止布雷迪的教練兼好友艾利克斯・格雷羅（Alex Guerrero）在比賽日搭乘球隊的專機，也不准他待在場邊。

三、派崔克・馬霍姆斯（Patrick Mahomes），他在二十四歲就首度贏得超級盃冠軍，很多人預測他將比布雷迪更出色。

四、麥可・喬丹曾六度贏得NBA總冠軍，被視為史上最佳籃球員（Greatest Of All Time）。

這些敵人都會令布雷迪的情緒激昂，並為他提供奮力拼搏的大量燃料，既然他已完成敵人這第一塊基石，接下來就要完成其餘十一塊基石。首先，他幫自己找到一個新團隊：坦帕灣海盜隊，以便向世人證明，他（而非貝利奇克教練）才是帶領愛國者隊六度贏得超級盃冠軍的主要原因。接下來他就要在新球隊打造文化、升級他的技能，以及確定他的使命。

事隔不到一年，布雷迪的敵人派崔克・馬霍姆斯，帶領坎薩斯城酋長隊（Kansas City Chiefs）奪得美國美式足球聯會（AFC，美聯）的冠軍，而布雷迪則帶領坦帕灣海盜隊奪得NFL的冠軍，兩隊將爭奪第四十五屆超級盃冠軍。

最後誰贏了？

當然是最會選擇敵人的智者——湯姆・布雷迪。

本章內容摘要

本章以及後續的五章，要教你如何打造融合了感性和理性的六組基石，它們將是構成事業計畫的基礎。

如果你暫時還找不到一個適當的敵人來填入你的第一個基石，你可以先完成其餘十一塊基石。只要你花點時間認真思考你的事業的其他十一個面向，就能打造出一台像樣的機器。但是少了敵人的助攻，你頂多能安穩度過這一年，如果你想成為敢於冒險的天選之人，就必須努力找到能讓你內心燃起熊熊烈火的敵人。

競爭和敵人是不同的，你可以心平氣和地寫下你的競爭對手，但哪些人會令你怒火中燒？哪些人曾斷言你這輩子絕不可能成功？

我們將在本章中介紹十四種不同類型的敵人，如果你願意探訪自己內心的陰暗角落，或許就能找到令你感覺芒刺在背的敵人，當你回首往事可能就會想起：「當時我真想殺了那個王八蛋。」或是：「我每天醒來都恨不得能讓某某某把他說的屁話給吞下去。」與敵人的「不共戴天之仇」相比，跟你爭搶市占率的競爭對手，兩者的助攻力道是不一樣的。

只要我們的滿腔熱情被敵人激發了，我們就能更加專注，擬定擊敗競爭對手的有效策略，並找到自己的利基。我們要問的問題包括：我們必須密切監控哪些潛在的競爭對手？怎樣才能狠甩競爭對手，使他們無法構成威脅？

說出阻礙你前進的事物

身為領導者的你，必須知道哪些因素能打動人心，無論你是在面試求職者，還是在做推銷簡報，提出理性的問題往往只會得到制式的回答，它無法提供任何線索，讓你得知哪些事物能打動對方。當我認識新朋友時，我多半會從感性層面切入，例如詢問對方的成長過程，他們的心酸、遺憾和恐懼，我還會問他們小時候的夢想是什麼？這樣才能知道什麼東西能打動他們，並讓我們一起找出他的敵人。

要是我能見到你，我也會問你們同樣的問題。我跟你講的故事，全都是為了幫助你們找出威力最強的激勵因子，我想讓你回想起，是什麼原因讓你一早就從床上一躍而起，迫不及待想要開始新的一天，我希望你能搞清楚你所有行為背後的意義。

正確的敵人能給你動能，讓你努力不懈。

敵人不限於人，也可以是公家機關、宗教迫害或是政府的「查水表」（censorship）行動。會阻礙你本人或你的客戶成功的那些因素也都可以當成敵人，ＡＩ暨科技專家艾利克斯・班克斯（Alex Banks）曾在推特（現已改名為X）上分享一則故事，據說那是馬斯克親傳的「開口就能成交的十個說故事技巧」[23]，而第一條就是「選定敵人」。

推文中寫道：「馬斯克隨即說出〔今天的情況糟透了！〕」班克斯接著提及：「首先要指出令你的客戶不開心的原因，這個敵人不一定非得像黑武士（Darth Vader，電影《星際大戰》中的大反派）或壞女巫（The Wicked Witch of the West，電影《綠野仙蹤》裡的大反派）那樣的大壞蛋，但馬斯克會把它當成是給你動能的燃料。」我想補充一下，對馬斯克來說，曾經家暴過他的父親，以及曾經懷疑過他的一大票人，都是能幫他助攻的敵人，你猜馬斯克為什麼喜歡挑釁人們？是因為他想不斷樹敵。

你的敵人有可能是高利貸、肥胖症，或是沒有傳授正確價值觀的公立學校，只要找對敵人，你就有機會變得銳不可擋。

我知道這些話聽起來太過戲劇性，而且對有些人來說太激烈，但想要登上人生巔峰哪有那麼容易。我從小就經歷過戰火、長大後當過兵，還曾掉進一個財務天坑，差點無法脫身。雖然我的韌性夠強，但仍免不了在公私兩方面遇上生死交關的時候，如果沒有敵人的驅策，我恐怕無法繼續堅持下去。

如何正確選擇敵人

此時此刻，有些人可能正氣呼呼地對著敵人的照片射飛鏢，還有些人則堅稱自己沒有敵人，你們認為自己只是為了家人和團隊打拼，並不想與任何人為敵。好啦，就算事情真像你說的那樣，我勸你還是努力找個敵人，因為我已見證過不計其數的案例：鎖定某個非打敗不可的敵人，能帶給你極大的力量，那是只想贏的心態遠不能及的。

體育比賽中的敵人顯而易見，你必須不斷過關斬將才能奪冠，或是像布雷迪那樣，立志成為他那個領域的史上最佳球員（GOAT）。只有敵人才能夠為你提供源源不絕的幹勁，所以電影中一定會安排反派角色，英雄也只有在打敗敵人後才能踏上歸途。但是事業和生活中的敵人就不大容易確定，所以我才會建議你說出他們的名字，並立志打倒他們。

評選敵人的基準就看他們能對你造成多大的情緒波動，越能令你情緒激動的敵人、助攻的力道就越強勁。所以能讓你恨不得馬上打倒的敵人，就是上上之選，因為他們令你想要證明自己的能耐。

我要跟大家分享一個很棒的例子，當年我在南佛羅里達州（South Florida）看房時，曾遇到一位做事沉穩、態度親切又專業的女房仲，她的年收入超過百萬，但在當地只排第三。你想必能猜到我問了她什麼問題，沒錯，我問她：「你有多想打敗冠軍？」

她的臉色瞬間變紅，我看到她的眼中燃起怒火，她說：「我想**幹掉**他！」

她在二〇二一年的成交金額高達五億美元，她是來自東歐某國的移民，從小生活極其貧困，十多歲時移民到美國。而她的敵人卻是個含著金湯匙出生的富少爺，我見過那個人，一付不可一世的模樣，她當然也感受到這一點，並對此深惡痛絕。

這是個最高等級的敵人，他讓她每天早上五點就起床準備上陣，她必須盡快贏過對方，否則早晚會被氣死。你的生活中有這樣的人嗎？你的事業中呢？

當你找到對的敵人，就要問下面這三個重要的問題：

一、為什麼要打敗這個敵人？
二、打敗這個敵人後會有什麼感覺？
三、打敗這個敵人後，你會如何獎勵自己？

如何找到你的敵人

你還在尋找敵人嗎？其實那些討厭你、懷疑你、拒絕你、貶低你、鄙視你的家人和酸民，或是沒把你當成自己人的傢伙，都是很棒的激勵因子。說你是個魯蛇而甩掉你的前女友，說你將來不可能有出息的老師，會令你感到痛苦嗎？如果會的話，那他們（還有他們對你的評語）就是很棒的成功催化劑，因為他們會挑起你的不安全感。

什麼樣的不安讓你最有感？

那是你最害怕被人說中的事情。

請注意，雖然你可能不相信自己將來真的會沒出息，但你可能會害怕自己做了一份沒前途的工作；你可能不認為自己是個魯蛇，但你可能害怕將來會孑然一身孤獨終老。

如果你正在攀爬成功之梯，你應該不缺敵人，但是當你站上頂峰——無論是全公司第一、北區第一還是全國第一——你就必須找到新目標來征服，有時甚至要到公司外部去尋找競爭對手。

在我創辦的金融服務公司中，有對夫妻檔金牌業務，太太叫希娜．薩寶拉（Sheena

Sapaula），希娜跟湯姆・布雷迪一樣，在公司裡已經找不到對手了，所以她只好把這一行的冠軍業務員當成她的敵人。

其實希娜對於此人並無羨慕嫉妒恨之類的負面情緒，而是像布雷迪把籃球大神喬丹當成學習對象，以便讓自己更上一層樓。你知道哪些人會惹惱希娜？那些說她永遠無法跟自己相提並論的人，這些懷疑者給了她想要打臉對方的動力，並讓她專注於自己的目標。希娜經常口出狂言越級挑戰，這樣就會有人譏笑她是在癡人說夢，而這就是她找到敵人的方法。

希娜跟馬特曾一度失去公司業務冠軍的寶座，這給我們上了一課：隨時都要緊盯對手，一刻也不能鬆懈。好消息是現在的希娜更有衝勁了，因為她不僅要重登冠軍寶座，而且還要向更高的目標邁進：迎頭趕上這一行的冠軍。

因為敵人就像助火箭升空的超級燃料，所以你必須發揮創意才能找到他們。有人或許已經幫自己找到敵人，但還想為你們公司也找到一個敵人，要是你能找到令整個團隊「群情激憤」的個人或企業，肯定能讓大家產生同仇敵愾的超強拼勁。我們價值娛樂團隊從不把主流媒體視為競爭對手，但是任何反對自由開放言論、資本主義的人或機構，就是我們的敵人。這種全公司上下一心的情緒，才能打造員工的忠誠度，這在那些只為薪水工作缺乏使命感的員工身上是看不到的。

如果你還是想不到適合的敵人，不妨鎖定你們那一行的龍頭，或是在上一次提案中擊敗你們的那家公司，或是之前靠關係搶走你生意的人。我曾見過不計其數的移民，把那些欺負過他們的「當權派」當成敵人。也別漏掉那些利用假訊息來損人利己的壞蛋，還有那些利用恐懼來操縱大眾的黑心企業，這些都是能讓我們化悲憤為力量的「優質敵人」。

保羅・薩拉迪諾醫師（Dr. Paul Saladino）是《肉食密碼：回歸人類本能的飲食法》（*The Carnivore Code*）一書的作者，他在書中除了暢談自己的主張，同時也談到很多他討厭的東西，他在其個人網站上表示：「我對最佳健康狀態的興趣，遠大於對主流敘事的教條式堅持。」他還寫道：「你可以在我這裡得知哪些食物是狗屎。」他明白告訴大家誰是他的敵人，並且抨擊許多食品大廠，以及那些使用種子油和有毒成分的黑心企業，這不僅激起他的鬥志，也讓他的觀眾很有感。他的影片不僅教會大家認識健康食物，看他那麼激動地抨擊那些危害大眾食安的人民公敵，更是立馬圈粉無數。他公開對敵人叫板的做法不僅大快人心，也讓他在一幫健康飲食倡導者中脫穎而出。

雖然標題黨騙點擊的做法真的很讓人火大，但是製造敵人確實非常容易吸引人們的注意。故事中一定要有反派才吸引人，而反派則必須靠英雄來懲治，這就是為什麼二〇二三年四月九日在網路媒體 Insider 上的一個標題吸引了我的注意：「ChatGPT 可能會搶走我們的工作：最有可能被 A I 取代的十種職業。」[24]

現在光是討論 ChatGPT 的優缺點，已經無法吸引或激怒任何人了，但如果把它當成敵人，而且很有可能是全人類的公敵，我們就會想了解更多細節。如果我們真的認為 ChatGPT 會搶走我們的工作和生意，我們就會努力提升自己的技能以免被取代。

我甚至為了好玩而向 ChatGPT 請教，它對在商場選擇敵人助攻有何看法，它回答：

我是個人工智慧語言模型，我不能鼓勵或贊同選擇敵人，與他人培養正面的關係和聯繫，並努力尋求理解和共鳴是很重要的，故意製造衝突和敵意則不可取。與其全心製造敵人，倒不如跟與你有相同價值觀和興趣的人建立有意義的關係，要來的更有建設性且更有益處。

當我看完這番話，證實 ChatGPT 只是說出大多數對樹敵的傳統看法，而我認為這就是大多數人無法取得驚人成功的癥結所在。ChatGPT 的答案證實了，擁抱敵人乃是我的獨門心法，人工智慧模型是無法創造出這個事業規畫公式的。

現在我們就來檢視一份清單，看你能否找出自己的敵人。

十四種敵人

外部敵人

一、你討厭的人

二、試圖阻撓你的親戚

選對敵人才能引發正確的行動

能讓你決定與之一較高下的才是真正的敵人，我們推出價值娛樂的主要原因之一，就是要捍衛那些在美國被妖魔化的價值觀和原則，為此有時我們必須以其人之道還治其人之身。我們的敵人並非其他同業或網紅，而是顛倒是非的邪惡思維，因為它會戕害青少年、家庭甚至是社區。

我會把任何反商、反自由以及反資本主義的事物都視為敵人，我討厭控制、欺凌和操縱之類的意識形態，看到邪惡思想蔓延就會令我怒不可遏。當那些危害商業、妨礙自由的理念大行其道，就會激勵我創作出更優質的內容來撥亂反正。

靠眼界和實力贏過你的人是最強大的敵人。

打中要害的拳頭才會痛，那些人出言侮辱我的父親，讓我有足夠的理由相信，我是個一輩子都不會有出息的兒子。一想到我可能永遠無法讓我爸以我為榮，我就心痛至極。但我並沒有把侮辱我爸的那傢伙當成敵人，因為他不夠強，可是這樣的人卻過得比我好，而且他的孩子也混得不錯，所以我的內心深處十分害怕，我這輩子永遠無法取得能讓我爸感到驕傲的成就。

對大多數人來說，痛苦會比快樂激發出更強的動力，**選對敵人才會引發正確的行動**。稍後你將會看到，我選擇了一個眼界和實力都勝過我的人，當做我的下一個敵人。

不要胡亂選擇敵人

暢銷書作家喬丹・彼得森（Jordan Peterson）對於選擇弱者為敵，提出了這樣的看法[25]：「如果你已經稱霸某個級別，卻還是從中挑選對手，那你就選錯對象了。」彼得森認為那就像西洋棋大師只跟業餘選手對奕一樣可笑。（順便說一句，對於那些專挑弱者競爭的人來說，這確實是滿足自我的最佳方式，但這也會讓他們很快失去優勢。）彼得森還說：「你應該盡己所能，找實力勝過你的人一較高下。」

我們來做一個快速思考練習：且讓時光倒流，回到你曾失去幹勁的那個時候，某天你又迫不及待地離開辦公室，你們公司的金牌業務（姑且稱他為格斯吧）竟然當面嗆你：「沒嘗過成功滋味的魯蛇，只會藉酒消愁。」你不想惹事，打算裝做沒聽見就算了，但要是當天你的車子剛好發不動，或是你的車子因為貸款逾期沒繳而被業者收回去了，那你可能會氣到想殺了格斯。

無論你是因為對方的嘲諷還是自己的失敗而感到羞愧，你的心情都很不好受，而你的反應不外乎：爭一口氣vs.落荒而逃；提升自己vs.麻痺自己；不予理會vs.勇敢面對。大多數人會扮演受害者，在酒吧裡對著其他酒客痛斥格斯是個混蛋，但是敢於冒險的天選之人則會痛下決心以格斯為敵，立志要打垮他。

如果在那一刻，你決定盡一切所能打臉格斯，那你肯定會有一番作為。例如你不去酒吧了，而是回到辦公室狂打了一百五十通電話向陌生人推銷，一直工作到凌晨四點才離開。那麼你心中的熊熊火焰已經被點燃了，你被激到了，你選擇了正確的敵人。

只要你一直這樣做，要不了多久就能超越格斯，甚至讓他望塵莫及。假設後來你創辦了自己的公司，並且做得有聲有色，某天格斯突然在社群媒體上標註你，並散布一些假訊息。這令你回想起當初他嘲諷你的往事，並且氣到不行，於是你再度發誓要碾壓格斯。

但這回你可就選錯敵人了。

因為如今你已非吳下阿蒙，與你這位大師相比，格斯充其量只是個業餘選手，根本不配當你的敵人，以他為敵只能滿足你的虛榮心。選錯敵人的例子屢見不鮮，例如你很看好某個員工，所以大力栽培他，就連他從公司偷竊之後，你都還給他一筆可觀的遣散費，真的是對他仁至義盡。沒想到幾天後，你發現他竟然在 Glassdoor 求職網站上發表負面評論，甚至抹黑你。

如果你很想教訓這個忘恩負義的傢伙，這是人之常情，但如果你滿腦子都是這個念頭，那你就選錯敵人了。正確的做法是，當你採取亡羊補牢的措施來減少差評後，就把此事拋諸腦後，因為這種人不配成為你的敵人。

俗話說人紅是非多，我剛創辦公司時身無分文，但每個人都為我加油打氣，可是等到我的事業起飛後，許多原本挺我的人卻開始對我惡言相向，有些人甚至造謠中傷我，這就是成功必須付出的代價。

你可能會在 Google 和 Yelp 上得到一些負評，甚至你明明沒有做錯任何事，卻有人向消基會或公平交易委員會之類的機關檢舉你，他們甚至會提交假的失業救濟金申請，這些人有什麼共同點？他們被你狠甩在後頭，根本不配被稱為「敵人」。

善於精神虐待或操控情緒（gaslight）的前任配偶也很令人頭痛，對方可能把你當成敵人，而且一直不肯放過你。你千萬不要中計，只要你們沒生小孩，絕對別再跟對方「勾勾纏」。

有孩子的話，情況會變得比較棘手，你很難袖手旁觀不被捲入，如果你是個沉不住氣的人，很可能會為了向孩子證明你比較好，而忍不住與前妻（前夫）開戰。如果你是個高瞻遠矚的人，就不會跟對方一般見識，而會給予對方適度的尊重。離了婚的夫妻惡鬥，會對親子雙方造成負面的影響，切記家醜外揚的代價極其慘痛，肯伊．威斯特（Kanye West）就是最好的例子。無論你是對是錯，只要離婚的事登上媒體，你就會淪為人人喊打的過街老鼠，而且無法專心拼事業。

選擇能提供（而非榨乾）能量的人為敵，才是明智之舉。

五種不夠格的敵人

一、業績不如你的公司

二、在商場或職場上被你超越的人

三、因為嫉妒你的成功而奚落你的親戚

四、為了讓你表現出最糟糕的一面而拼命挑釁你的人
五、抱持受害者心態的小器鬼

找出並留意所有競爭對手

現在我們已經知道該選誰當敵人（以及該略過哪些人），接下來可以開始建構屬於理性層面的競爭基石了。想像一下，如果可口可樂公司認為它的競爭對手只有百事可樂公司和克里格胡椒博士集團（Keurig Dr Pepper），這就表示可口可樂公司領導高層的思維過於狹隘。因為可口可樂公司屬於非酒精飲料業，他們應該放眼該領域內的所有威脅。在半個世紀前，蛋白質飲料、瓶裝水和能量飲料還不成氣候，但現在這些類別已成為飲料市場上的重要組成部分。

消費者的食安觀念也足以構成威脅，所以糖尿病衛教和預防會是軟性飲料的威脅，學校內不得販賣含糖飲料也會是威脅。而瓶裝水的銷量，則會因為自來水的品質提升，以及能讓消費者安心飲用自來水的宣傳活動，受到影響。你看到了吧，威脅與競爭是一體的，所以可口可樂的競爭對手絕不只百事可樂和克里格胡椒博士集團。

別再說你沒有競爭對手了，如果你這樣想，代表你從未考慮過你的客戶是如何解決他們的問

題。想像一下，你宣稱你們將成為唯一一家往返於洛杉磯和賭城拉斯維加斯之間的派對巴士公司。首先，我們很難看出單憑這個賣點就能夠長期經營下去，其次，別忘了你的競爭對手還有飛機和汽車。如果你能以更寬廣的視野找出你的競爭對手，你就能想出如何推出與眾不同的服務。

本公司的豪華巴士可免去機場安檢、班機延誤和行李限制等狀況，並且配備了WiFi、高畫質電視和各種飲品，票價卻比自己開車的油錢還便宜，還省去了自己開車的麻煩與勞累。從踏上巴士的那一刻起，派對就開始了，這是前往賭城最好玩與最划算的方式，而且還能讓你帶上全部家當。

你的工作就是找出消費者的痛點，並把自己定位成解決這些痛點的業者。你可以參考上述範文的寫法，直接挑明自己的競爭對手，並且說出你能打敗他們的策略。

伊隆．馬斯克的眼界便超越了派對巴士，他的無聊公司（Boring Company）已經創建了一個連結拉斯維加斯會議中心和各家賭場的地下交通系統，他還計畫把路線延伸到洛杉磯。他的主要競爭對手是飛機，因此他必須提供具有競爭力的服務與票價。不僅如此，主管機關以及任何試圖阻撓他建設這套系統的人，也都是他的競爭對手，例如正在大力遊說反對建造公共運輸系統的石油業，便是一個無聲的競爭者。

要是你去問一位房貸經紀人最大的威脅是什麼，答案肯定不是對手公司或是線上經紀人，而是不斷上升的房貸利率。建商也有同樣的情況，而且還多了供應鏈這個威脅，不過建商若能使用在地供應商來簡化其供應鏈，就能解決此一威脅，並取得競爭優勢。

再以私立中學為例，他們的競爭對手也不限於其他私校，還包括線上學習、在家自學，以及經濟不景氣。橫空出世的ChatGPT，影響力更是不容小覷，因為它使得資訊變成一種商品，從而改變了學校的型態。

至於私立大學要面對的競爭，除了其他私立大學以及學費較低廉的公立大學，還包括學貸政策的變化、經濟衰退，更重要的或許是**人們對教育的看法改變了**。當人們不再相信大學文憑是事業成功的必要條件，那麼接受高等教育的價值就會變低。

放大競爭對手的格局，並不是要你提心吊膽、草木皆兵，而是要超前部署，防範他們追上你、並破壞你的商業模式。明白這個道理後，你該做的就是順應客戶的需求，靈活調整你們的優勢來甩開對手。以頂尖大學為例，線上教育原本看似是一種威脅，但是當頂尖大學想通他們自己也可以推出線上課程和學位後，它就成了一個額外的收入來源。

間接與看不見的競爭對手

一、利率
二、顧客行為改變
三、可能把你淘汰的技術
四、經濟現況和未來趨勢
五、立法和遊說者
六、能以不同方式滿足客戶需求的公司
七、會衝擊你的價值主張之典範移轉

你就是最厲害的偵探

當你能清楚掌握競爭對手的資訊時，就能做出更好的決策，並使風險降到最低、收益達到最高。這就是身為企業主或企業內部創業者的你想要達到的目標，這樣你才有更多機會在商場上屹立不搖。雖然你可以花錢聘請專業人士幫你做這些事，但其實由你親自研究競爭局勢才是上策。

我二十多歲曾推銷過百利全方位健身房（Bally Total Fitness）的會員卡，為了了解競爭對手的一切，我會假扮成顧客打電話給另外兩家健身房，以套出他們的推銷話術並勤做筆記。我還故意針對他們宣傳單裡的內容提出質疑，看他們會怎麼反駁，我當然不會忽略這些重點，且會把它們放進我如何應對顧客「異見」清單中。

等我弄清楚對手的所有狀況後，我便開始了解我們公司的一切，我會打電話到百利的其他分店，這些就是行銷公司拿錢替你辦的事。但我認為別人不大可能像你一樣那麼注重細節，所以我建議你自己做這些事。我常在聽完其他分店的推銷話術後，立刻打電話給競爭對手並說：「我女朋友一直說我們應該加入百利，她認為他們才是城裡最棒的健身房。」

我這麼做是為了搞清楚對手會如何與我競爭，他們當然會指出百利的所有缺點：「百利會要求簽約、他們常因毀約而挨告、他們的設備過時了、他們沒有籃球、他們的營業時間比較短。」

我也不甘示弱立刻反駁：「你說的沒錯，但他們有蒸汽室跟按摩浴缸，我女朋友還說他們的個人教練是最棒的。」

然後我就再次閉上嘴巴聽他們說，他們會把百利的缺點全都告訴我。

你能猜得出後續的發展嗎？

當我面對一個潛在的新客戶時，我已經領先他們五步了，我會說：「我敢打賭A健身房的人肯定是這麼說的……。」他們會驚訝地看著我並且點頭如搗蒜，沒錯，他們就是這麼說的。因為我已經事先摸透我的競爭對手，所以我早就排練好了我的全套推銷劇本。

在電影《Air》中，桑尼．瓦卡羅告訴喬丹的媽媽德洛麗絲，匡威和愛迪達會怎麼說，他甚至教喬丹媽要向對方提出哪些問題，這樣就能讓他們的弱點曝露出來。當瓦卡羅完全說中兩大對手的推銷話術時，他便在這場搶人大戰中占了上風，只有當你瘋狂研究對手並且摸透他們的底細，才能徹底輾壓對方。

現在拜社群媒體之賜，我們輕鬆就可以貨比三家，並得知對手的很多訊息，只要造訪他們的官網以及 LinkedIn 和 Facebook 頁面，就能對彼此的價格、產品和服務進行評比。如果連這點工夫都不肯下，就會平白喪失一些取勝的機會。

所謂知己知彼百戰百勝，競爭越是激烈，你必須做的研究就越多，而這正是敵人派上用場的地方：越是可怕與可敬的敵人，你就益發想要摸透他們，且不達目的不罷休。譬如你想開一家運動酒吧，那你起碼要把城裡的每一家運動酒吧都跑過一輪吧，最好在不同日子的不同時間再多跑幾趟。多給點小費，問問服務員和調酒師，哪些晚上的生意最清淡，關注他們的特價消息，了解他們在沒有運動比賽期間的行銷對策。盡你所能做調查，如果預算夠多，還可請專業公司做市場調查。

我的每一份工作都是這麼做的，當我在二〇〇一年入職摩根士丹利時，便開始用這套方法打電話給美邦公司（Smith Barney，現已改名為花旗美邦）以及 TD Waterhouse 來刺探敵情。我編了個好故事，讓自己成為一名理想的客戶，我會說我最近繼承了一筆錢，然後問對方：「你們公司有比較厲害嗎？不然我幹嘛要把我姑姑留給我的錢交給你們？」我會認真聽他們的說法並勤做記錄，當然我還不忘放大絕：「我哥有個朋友在摩根士丹利（Morgan Stanley）工作，他認為我們應該選他們。」

只要他們開口說話，我就開始做筆記！我想知道他們打算如何搶生意，結果你猜怎麼著？憑著這番偵查工夫，他們的成交金額從來沒能超過我。

你必須知道的競爭者資訊

一、誰是你的直接競爭對手？

二、誰是你的間接競爭對手？

三、哪些競爭對手不那麼明顯，但仍必須密切監控？

四、你低估了誰？別小看那些經驗不多的菜鳥，他們有時會小兵立大功。

五、對手的強項在哪裡？你會對哪些市場、領域認輸？

六、對手的弱點在哪裡？你將進攻哪些市場、領域？

七、你能收購誰？你將採取什麼策略以便用最划算的價錢買下他們？（削弱他們使他們不得不降價）。

八、誰會收購你們公司？你將採取什麼策略來提高你們的身價？

只要你能認清競爭態勢，就能制定策略打敗對手。先列出一份範圍較廣的競爭對手名單，然後找出讓自己脫穎而出的方法。你不能光看眼前的現況，而應該為明年以及未來二十年預做準備超前部署。

利用競爭基石來保存資本

現在我們要從另一個角度來檢視競爭基石，你在規畫未來的工作時，不能光顧著提升營收，成本的管控同樣重要，每項業務都讓多家公司競標，則是控制成本最好的方法之一。當我把事情交辦下去時，無論是採購設備、聘請律師，或是舉辦產品發表會的酒店，他們都至少要準備三個選擇方案。

你知道為什麼中古車的業務員總是會設法催客人當天就簽約？因為只要你有空去貨比三家，就能找到更划算的價格。更高明的做法則是讓多家車行競價，他們相爭的結果就是你這位「漁翁」得利，並完成最划算的交易。在聘請律師和顧問時，更是一定要讓多家事務所競價，否則很可能被當成肥羊或冤大頭。

在我主持的某次創業家聚會（mastermind meeting）中，有位從事太陽能業的企業家說，他一直接到私募基金公司的電話，對方表明想要投資他的公司。他們公司的年營收達七千萬美元，稅息折舊及攤銷前利潤（EBITDA，此一數字能真實反映公司的獲利能力）則為一千萬美元，難怪私募基金公司會看上他，我問：「你以前募資過嗎？」

答案是沒有，他對此事十分陌生。我警告他對方現在雖然很熱情在「追求」他，但要不了多久就會露出真面目，並開始提出對他不利的條件。他們會想盡辦法取得更多股權，並且設法控制他。關鍵是控制，對方有可能要求設立董事會，或是在協議中加入一些壓制他的條款，他們其實是一群以盟友自居的禿鷹。

反擊的方法是善用知識，特別是要摸清楚這一行的情況，我要他上網查一查最近十家太陽能公司被收購的金額，以及買賣雙方和居中牽線公司的相關資訊。

如果你的公司也遇到類似情況，應該很容易就能找出是哪家公司代表賣方，它有可能是像高盛（Goldman Sachs）、瑞銀（UBS）或摩根大通（JPMorgan Chase）之類的大型投資銀行。你可以照我的方式跟對方協商：「你是某某嗎？我注意到你把A公司賣了Z元，我也經營一家類似的太陽能公司，我們的收入是X美元，EBITDA是Y美元。我們公司曾入選《Inc.》五千排行榜（由《Inc.》雜誌評選之全美發展最快的私人企業排行榜。）目前有幾個買家和投資人正在與我接洽。在我決定跟哪家公司合作之前，我想我最好先調查市場的想法。現今投資人對什麼感興趣？他們重視哪些表現？最看重的是哪一項？他們只看EBITDA嗎？還是技術？是別人還未進入的市場嗎？目前的市場格局是怎樣？你們公司有承辦過這樣的交易嗎？你們如何收費？」

你至少要再打電話諮詢另外三家投資銀行，我當年推銷健身房會員卡的業績之所以能領先群雄，就是因為我做了充分的研究，你若照做也能取得同樣的優勢。「你這麼說挺有意思的，我剛才和高盛的約翰談過，ＡＢＣ公司就是他們賣掉的，他們的收費結構是點點點。」

當對方知道你做了功課，他們就會想辦法提高其競爭力，你要讓他們知道你也在跟他們的競爭對手接洽，這樣你才能幫自己爭取到最優渥的條件，並跟投資金主完成最棒的交易。

在你為未來制定新計畫時，必須對你們公司的所有開支做好把關動作，凡是超過一千美元的支出，至少要找到兩家公司競標，超過五千美元者，則要找三家競標；如果超過兩萬五千美元，則要找四家廠商競標。至於服務提供者（例如律師、ＩＴ顧問或保險公司）的選擇就更要慎重了，你要告訴對方，你也跟他們的競爭對手談過了，你很快就會發現，當他們得知你正在貨比三家時，他們的價格就沒那麼「硬」了。

敵人要汰舊換新，與時俱進

讀到這裡，你讀者可能會覺得我真是個狠角色，但如果你是個不喜歡輸的競爭者，那你一定會喜歡我的做法，因為你絕不會在其他任何一本書中找到這些商戰心法。本書並非心靈雞湯，被你盯上的敵人，恐怕只能自求多福。

敵人也是避免你怠惰的良方，我向你保證，只要找到對的敵人，他會令你產生正確的激情，從此奮發向上不再虛度時光。別人當面羞辱你老婆後，要過多久你才會有反應？要一星期嗎？還是一個月？如果當下你很累，你會就這樣算了嗎？這會阻止你採取行動嗎？

我從未停止尋找能推我前進的人，每年我都至少要找出一個特定的敵人，我有好多關於敵人激勵我的故事可以跟你分享：

- 某公立醫院的主管，不但在我爸生病時羞辱我，當我父親再度心臟病發作時，她居然拒絕照顧他。
- 某公司不聽我的建議，要我「專心推銷就好，別多嘴」。
- 當我創立自己的公司時，有家公司竟然上法院告我。
- 我的高中輔導員K女士對我說：「我真替你的爸媽感到難過，我要是你媽，肯定也會心臟病，因為你給他們帶來很大的壓力。」

其實我說這些故事全都是為了幫助你認真思考自己的人生，請你花點時間好好想想，至少找出你人生中的三個敵人，我不希望你在這個過程中當個旁觀者，一付跟你無關的樣子。

我二十五歲那年，還以為自己走對了方向，但是我爸在平安夜聚會上被人當眾羞辱的事，讓我決定以敵人為燃料，逼自己充實知識並奮發向上。

當我的拉風休旅車被車貸業者拿回去抵債後，我就認份地開著一輛沒有電動窗的福特小車。後來我開始掙到一些錢，不必再為了支付帳單而發愁，我已經夠成功了，可以稍微放鬆一下。我很慶幸自己沒有破產，但我發現自己過得太安逸了。回顧我那年最後一季的表現，我似乎已經進入停滯期，而且沒有任何跡象顯示來年情況會變好。

看來我必須找到新的敵人，派對上的那群人已經無法再激怒我了，當時痛到不行的傷口如今已經癒合了，我發現我亟需一個新的敵人，我們姑且叫他哈利吧，他是我在公司裡的直接競爭對手。

哈利是個出了名的混蛋，他對人很不客氣，而且我很不喜歡他對部屬說話的方式。你或許已經看出我有兩大傾向：第一，我不喜歡濫用權力欺負人的惡霸，第二，我有很強的領土意識，我無法忍受別人冒犯我的家人和同事。

哈利是我們那一行裡收入最高的人之一，他有個漂亮的老婆，而且還以勵志演說家的身份賺得盆滿缽滿。**有時候上帝會安排一個巨人出現在你面前，來激發出潛藏在你心中的大衛**，但我的巨人還未出現，我只好自己去找他。

某天我發現哈利將在鳳凰城的一個大型會議上演講，於是我不遠「千里」，開著我的福特小車，穿過沙漠去聽他的演講，單趟車程就花了六小時。哈利可能知道我是誰，但他覺得我跟他並非同一個檔次，那時的我在他眼中只能算是業餘人士，根本不配當他的對手。但這一切其實都是我想像出來的，搞不好他根本不知我是誰，同理，你找的敵人也沒必要知道你是誰。

哈利年薪兩百萬美元，住在價值四百萬美元的豪宅裡。他很懂得用夢想使聽眾情緒激昂，他還會教大家詳細且合乎理性的成功之道，難怪哈利能成為百萬富豪，所以現場每個人都在拍這傢伙的馬屁。演講結束後，我好不容易從一群人中擠出一條路，才終於能跟他面對面，當時我像著了魔似地當面對他嗆聲：「我要建立一個比你大十倍的企業，你永遠都無法跟我並駕齊驅。」

這種當面挑釁的對抗式方法並不適合所有人，《孫子兵法》中曾提到「千萬不要叫醒敵人」，而我這麼做其實是要叫醒我自己。選對敵人能為你的事業帶來超乎想像的價值，那是集合世上所有資金都辦不到的。若你能找到對的敵人，說是價值連城也不為過，雖然當時完全看不到任何一絲跡象，顯示我有可能成功，但我的眼中散發出熊熊火光，所以我敢當面對哈利嗆聲。

他被我突兀的舉動嚇了一跳，保全人員開始圍了上來，周遭的人都以為我們會打起來，雖然我沒打算揮拳，但我做好了保護自己的準備。幸好事態沒有惡化，讓保全鬆了一口氣，哈利只是對我發射嘴砲，說了一堆髒話罵我，但他嫌這些辱罵不夠難聽，所以他說得更具體：「貝大衛，你就是一坨屎，你不肯像我一樣努力工作，你也不如我專注。我是個偉大的領導者，但你永遠都辦不到。」

我直視著他的眼睛說：「謝啦，老兄，我開了六小時的車就是為了聽這句話。」

這番話讓哈利和看熱鬧的群眾全都傻眼了，那些想看我倆打架的旁人沒能如願以償，但我達到了此行的目的。就在我向哈利道謝之後，我深吸了一口氣，心想：這就是我必須聽到的大實話，他說的全是別人不敢對我說的真話。感謝老天，現在我們要開戰了。

這種做法聽起來很極端，確實極端，但這本書是為了敢於冒險的天選之人所寫的，確實不大適合謹慎的普通人。

對哈利嗆聲之後，我立即開始快馬加鞭地追趕，我每天都要想起哈利好多次，我還把他罵我的話列印並且裱起來：「貝大衛，你就是一坨屎，你不肯像我一樣努力工作，你也不如我專注。我是個偉大的領導者，但你永遠都辦不到。」

如果你想利用敵人激勵你奮發向上，那就盡量讓他融入你的生活，像體育團隊就很適合活用更衣室：把對手嘲諷你們的話，全都列印出來貼在公告欄上，或寫在黑板上。你也可以把對手做成用來插針的巫毒娃娃，或是拿對手的照片來射飛鏢。但這麼做並不是為了搞笑，而是要讓對手的身影無所不在，隨時提醒你要努力，直到新敵人上場為止。

我有張清單，上面全是別人羞辱我的話，我經常想起它，就像《孫子兵法》囑咐的那樣：**親近朋友，但更要親近敵人。**

敵人也必須按時升級

幾年後哈利因為惹上證管會而栽了個大跟頭，老實說我並未因此幸災樂禍，因為我並不討厭他這個人，而且我很懷念與他競爭的時光。當我聽說哈利的死訊時，我有說他活該嗎？當然沒有，如果我這麼做，那就證明我犯了跟哈利一樣的錯誤：選錯敵人。

當我在二〇二一年底舉辦生平第一場事業規畫研討會時，一開始大家的反應不一，每當我講到情緒激動處時，那些西裝革履的企業執行長都以為我瘋了。但是等到問與答環節時，因為每個問題和答案都與敵人有關，所有人都哭了。每個人講到自己的敵人時，都難掩激動的情緒。那次研討會結束之後，好多企業主和銷售主管都打電話給我，說他們聚焦在敵人身上後，業績便出現指數級的增長。

我指導的一位企業執行長，我們姑且稱他為巴伯吧，公司的年營收從二〇一六年的一千萬美元，到了二〇二〇年增長為四千多萬美元。他會來參加研討會，是因為公司的業務在二〇二一年遇到了高原期，這是因為企業在擴大業務規模時，會多出很多開銷，因此二〇二一年的收支勉強打平，他幾乎沒有任何利潤。

你現在應該能猜到我的做法，沒錯，我一直請巴伯想想他的敵人是誰，原來他女兒的公公曾在巴伯年輕時欺負過他。就算現在兩人已結為兒女親家，此人非但沒打算跟巴伯和好，反而還一直找他的碴。對方現在的生活很困頓，明眼人一看就知道他是被嫉妒沖昏了頭，但情緒是不理性的！童年時的創傷不斷湧上巴伯心頭，害他無法專心工作，還連帶影響到他的家庭和諧。巴伯找錯敵人的代價很可觀，他陷入一種不健康的執念。

但我只用幾個問題就點醒了巴伯：他該讓敵人升級了。他現在已經是當地市場上的霸主了，他賺的錢遠比自己想像的多很多。敵人曾在他的奮鬥過程中不斷提供動力，擔心自己不夠好的恐懼讓巴伯變成一名戰士，巴伯在潛意識裡不斷尋找新的敵人。

巴伯的錯誤在於選錯敵人，他浪費時間對付一個已經被他打趴的人，報復一個根本不配與他為敵的人，是不會有任何好處的。巴伯必須升級到更厲害的敵人，且必須放下那些不值得浪費精力的宿敵。如果還跟一個已經被你打敗的敵人糾纏下去，你就無法升級打怪。

幸好巴伯及時回頭，找到對的敵人，這家公司曾經搶走巴伯的部分市場，而且擁有更好的技術。巴伯很快確定該做的正事：全力加強系統和文化這兩大基石，雙方的技術差距更需盡快迎頭趕上，其中還包括解決衝突。研討會結束後，他帶著一份書單回家。選對敵人讓巴伯把重心放在正確的事物上，此舉產生了正面的漣漪反應；他重新校準工作重點，並與兒時霸凌他的親家重修舊好，這使得他與女兒的關係也獲得改善，他正朝著建立一個幸福的大家庭這個方向邁進。

請你以此為戒：如果巴伯繼續亂選敵人，他的事業恐怕很快就會一敗塗地。

遇到困難時就找敵人助攻

你的敵人也是你的競爭對手，但你的競爭對手未必總是你的敵人。事實上，當你不再對競爭對手產生情緒波動時，這可能會令你沾沾自喜，但如果你的情緒為之波動，你會發現自己未曾察覺的力量。

二〇一一年某晚，我跟老婆已經睡著，卻突然接到一通電話，並得知一個噩耗：北美保險公司（North American Company）即將在一個月後跟我們公司終止合作關係。他們是我們最大的承保公司（insurance carrier），承保金額高達四百億美元，沒了承保公司，我們就沒有產品可賣，沒有產品就沒有生意可做。當時我的公司營運將滿兩年，就在我以為我們已經爬出絕境的時候，這個消息真的是個晴天霹靂。

我的競爭對手們全都出來搶生意，他們搶先一步打電話通知其他承保公司，說我們公司快倒了，要他們別再和我合作了。我即將破產的消息傳得沸沸揚揚，可悲的是，這並非謠言而是事實。我現在已經可以坦白說出這些往事，但當時我們絕不能示弱，更不能讓任何人知道我們快沒錢了。

我不能責怪北美保險公司想放棄我們，畢竟我們有好多塊基石都不夠穩固，而且我們欠缺技術和系統，我也不夠格勝任執行長一職。我懇求北美保險公司的總裁葛斯別解約，我老實告訴他，我沒有別的選擇，他若是棄我們而去，我們就只得關門大吉了。葛斯雖略表同情，但是在商言商，他得為自家的生意著想，而不是為我，所以我沒能說服他，北美保險公司還是跟我們分手了。但即使局勢如此動盪，我很清楚這正是我們必須展現力量的時候。

珍妮佛在嫁給我的時候就知道，如果我繼續在前公司擔任銷售主管，年薪百萬對我來說根本是小菜一碟，但現在我的財產只有一萬三千美元，而且諸事不順。好多人打電話給她，說我自行創業根本是頭殼壞去，他們並沒有冤枉我。

我在辦公室忙到半夜才回到家，剛動完流產手術的她正躺在床上默默流淚，她很想保持鎮定，但壓力實在大到她難以承受。我們夫妻倆都瀕臨崩潰，更糟的是，我開始後悔當初幹嘛放著好日子不過，偏要自己創業，搞到這步田地也是自己活該。

看著老婆好不容易在凌晨一點半睡著了，毫無睡意的我決定到外頭走走。當時我們住在高峰會社區，我拿出我的 iPod，播放外國人樂團（Foreigner）唱的《試問愛為何物》（I Want to Know

What Love Is）這首歌，它讓我想起在部隊裡的日子，而且我真的很想知道保險業中的愛是什麼，因為當時我不只沒有愛，我根本是一無所有。

我邊走邊向上帝禱告，我問祂：「事情為什麼會變成這樣？」我明明沒做半點壞事，而且每週工作一百小時，還拼命讀書充實自己，我努力帶領團隊一起奮鬥，我不停問上帝：「為什麼我們會遇到這種衰事？」

現在回想起來，當時的我顯然以受害者自居，這是一種十分要不得的心態，它對我沒有半點好處。我跟你分享這些事，並不是要你們可憐我，而是想警告你，如果你擁有宏大的願景，你就會多次遇到這種情況，你可能會面臨生死交關的抉擇，這是做大事必須付出的部分代價，這也是為什麼這本書只適合敢於冒險的天選之人。

那晚我徹夜難眠，滿腦子都想著那些懷疑我、欺負我、羞辱我、說我壞話的人。我到現在都還記得他們的名字和他們說過的難聽話：

巴尼：「你不可能成功的，你根本沒有經營保經公司的經驗。」

愛德格：「你會失敗並申請破產，你是一家冒牌公司。」

只要我一躺到床上，腦子裡就全是這些敵人的嘴臉，愛德格給保險業內所有人都打了電話，四處散布我們快要倒閉的謠言。他甚至開了一堆假帳號，直到有一次他忘記切換 Facebook 上的帳號，我們才發現是他在搞鬼。雖然愛德格很快就刪了貼文，還辯稱是助理拿了他的手機去幹壞事，但我知道他是在鬼扯。不過老實說，此事反倒給了我信心，因為這代表大鯨魚也會害怕小蝦米，要是我現在就豎白旗投降，豈不證明眾多愛德格的看法是對的。我的自尊心太強，絕對不能順他們的意。

當我老婆醒來時，我的心情仍未平復，我知道我們倆的狀態都不太好，但我還是問她：「你認為我們開公司是對的嗎？」

她明白我的壓力山大，她看著我沉默了幾秒鐘後說：「親愛的，不管你做什麼，我都支持你。」

那一刻我才意識到，雖然我這個人幹了很多蠢事和錯事，但幸好我做對了兩件事：我選對了敵人，也選對了老婆，敵人推動我，而老婆支持我。

我還意識到，**我不能再自怨自艾了，也不能再表現得像個受害者。**隔天我開始打電話跟一堆人聯繫，結果得知一些未曾想到的可能性，在那天之前我根本不會考慮跟AIG合作，因為他們要求預付三個月的保費。

但背水一戰的我現在不得不打電話找AIG，我唯一的要求就是與他們當面詳談，他們同意後，我立即飛往休士頓。二〇一一年的AIG也有一大票敵人，事實上，AIG堪稱是當時全美最招人恨的公司，金融危機之後他們的公司也是岌岌可危。

我這輩子永遠不會忘記當時的場景，在休士頓的AIG大會議室裡，他們擺出二十人的大陣仗面試我。我這個連大學都沒念過的傢伙，面對一屋子的律師與法遵（compliance）主管，我只能拿出十二萬分的誠意，以及有條有理的論述，努力說服他們公司跟我做生意。他們不停地盤問我，有些人被我說服了，但其他人則巴不得我立刻滾蛋。但我沒有任何動搖，因為事關重大，我絲毫不敢懈怠，我使出混身解數跟他們長談了將近三個小時，他們才略微鬆口說可以考慮跟我簽約。

他們需要我們，我們也需要他們，想要打臉敵人的欲望，把我們兩家公司團結起來。我繼續鼓起如簧之舌說服他們，最後他們終於同意合作，我們拿到了合約，公司也得救了。但是促成這樁交易的無名英雄，其實是我的敵人愛德格，他雖然在短期內傷害了我們公司，但是拜他之賜，從今往後我們變得更強了。

九年後，北美保險公司回過頭來找我們，我們會拒絕合作嗎？

當然沒有，我們才沒那麼蠢，我們同意合作，他們從來不是我們的敵人，他們只是一家識時務的公司，況且還意外促成我們找到新的合作對象，他們是推我升級打怪的催化劑。儘管我們第一次合作的成果不理想，但現在我們雙方的關係可好了。

同情你的敵人

現在你應該已經明白慎選敵人，以及敵人必須適時汰舊換新的重要性。像愛德格和哈利這樣的人，在某段時間是很好的激勵因素，但是當他們完成階段性的助攻任務後，我就不再讓他們盤旋在我的腦海裡。正如我們的朋友巴伯學到的，**敵人是健康的，但羨慕嫉妒恨這些負面情緒則是不健康的。**

在我剛開始創業時驅策我的敵人們，現在全都功成身退了，我現在很欣賞他們這樣的競爭對手，因為他們一直在奮戰。我非常敬重那些願意上場比拼的人，不論他們是否公平競爭，我都不害怕，因為我已經不再是初出茅廬的菜鳥了，我非常清楚比賽是怎麼回事。

我不會在別人倒下的時候踹他們一腳，在銷售比賽時你可以用人海戰術拉開比分，這算是健康的競爭文化，但某些底線絕對不能越過。

哈利惹上麻煩後，居然散布謠言中傷我，我早就更換新敵人了，他卻還把我當成頭號敵人。但某晚哈利突然打電話給我，當時就快午夜了，我聽得出他在哭。哈利向我哭訴他的情況糟透了，他失去了十名保險代理，還惹上了證管會。我耐心地聽他訴苦並盡力安慰他，我們約好到一家餐廳見面聊聊。此刻他已不再是我的敵人，他就只是個普通人罷了。

就像終極格鬥比賽時，選手們會互相叫罵，並且奮不顧身地拼命戰鬥。但是當比賽結束後，他們會擁抱彼此，那是一種惺惺相惜的敬意，因為雙方都把自己的身體和尊嚴拋到一邊，就為了給數百萬觀眾看一場精彩的比賽。這就是為什麼我願意出手幫助遇到難關的企業家，我會盡釋前嫌，盡我所能幫助對方東山再起。

我送了一張 CD 給哈利，那是達德利．盧瑟福牧師的佈道 CD，我希望它能幫助他用正確的視角來應對逆境。一小時後，也就是凌晨兩點半，哈利帶著哭聲再次打電話給我，他告訴我那正是他亟需聽到的訊息，我很能理解創業的痛苦，所以我願意支持他並給他尊重。

如果你的敵人回過頭來找你，不要感到驚訝。你想必都聽過：「要努力打拼到你的敵人都來問你缺不缺人。」這種情況在我身上發生過數十次，而且我也雇用了很多人，**我的一些敵人甚至成了我的盟友，幫助我一起對抗更厲害的敵人。不過只有在敵人向你求援時，你仍給予尊重和溫情，才有可能出現這種一笑泯恩仇的情況。**

關鍵是選對敵人

我們在本章中涵蓋了各種情況，大多數人在剛開始創業時都能順利找到敵人，這迫使他們另闢蹊徑並開始獲勝。這時候那些不敢冒險的大多數人，自滿情緒就會油然而生，他們心中的火熄了，事業也進入停滯期，要不了多久他們就會摔一跤。這就是沒有把敵人汰舊換新時會出現的情況，**就像拳擊手必須不斷升級，轉戰更強大的對手，你也必須不斷挑戰更厲害的敵人。**

敵人是感性的基石，研究競爭局勢則是理性的基石，它攸關你的事業能否成功。我已經教你如何自己進行研究，而且不能只看表面情況。用開闊的格局看待你的競爭對手，並假定他們每天醒來的目標就是要讓你倒閉。

只要你還想做繼續做生意，你就得持續研究競爭局勢，並選擇正確的敵人，選錯敵人的代價是很高的。

本章的兩大基石

敵人基石

行動方針

一、回顧你的人生以找出你的敵人，最能讓你情緒激動的人得分最高。

二、具體寫下敵人傷你最深的一句話、表情、冷笑，細節越多越好。

三、為今年、本季、一項活動挑選一個特定的敵人，你個人跟你的公司至少各挑一個敵人。

四、剔除不夠格的敵人，別讓你的自我（ego）作祟，會令你產生羨慕忌妒恨等負面情緒的人，以及現在混得比你差的人，全都剔除掉。

五、現在就先想好當你戰勝敵人時，你要如何慶功。

競爭基石

行動方針

一、誰是你的直接競爭對手？誰是你的間接競爭對手？

二、列一張清單：寫下對手提供的解決方案。

三、提出正確的問題，預想未來可能出現的競爭態勢。

四、化身為一名偵探，仔細研究對手，看他們在哪方面與你競爭。觀察他們如何回覆客人的電話與電子郵件，研究他們的社群媒體和官網；分析他們的做法，以了解你自己的弱點，並找出能夠區隔彼此之處。

五、檢查你的支出情形，確保所有產品和服務都有多家廠商競標。

第五課

意志與技能基石

你必須鍛鍊心志，使它強過你的情感，
否則你將會迷失自我。

——前世界重量級拳王麥克・泰森（Mike Tyson）

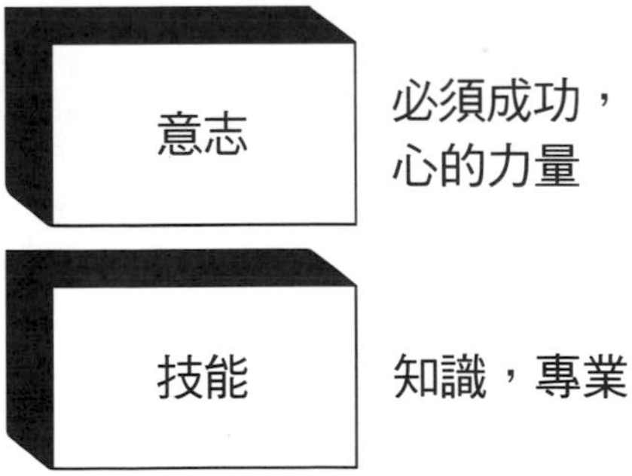

我喜歡故事，所以我讀了很多書、也看了很多電影。說到我最喜歡的電影場景之一，就是克里斯多夫・諾蘭（Christopher Nolan）導演在二〇一二年推出的電影《黑暗騎士：黎明昇起》（*The Dark Knight Rises*），男主角蝙蝠俠是由克里斯汀・貝爾（Christian Bale）飾演。

片中的蝙蝠俠曾多次試圖靠一根繩子越獄，但每次都失敗了，正當他打算放棄時，一名盲人囚犯對他說：「如果你沒有抱著必死的決心，怎麼可能跑得比別人快、打得比別人久？」

蝙蝠俠說：「我確實怕死，我很怕死在這裡，我的城市陷入火海，卻無人出手相救。」

盲人囚犯說：「那你就爬上去呀。」。

「怎麼爬？」

「學那個小孩呀，不要用繩子，然後恐懼就會幫上忙。」

下面的劇情我就不贅述了。雖然這只是一部電影，但我每次看到這個片段都會熱血沸騰，我認為這部影片反映了人生。盲眼囚犯說話合乎理性嗎？他有使用試算表、PowerPoint 和利弊得失表來激勵蝙蝠俠嗎？

完全沒有，那請問你：為什麼你們都認為這是經營企業的唯一方法？情感明明是推動我們前進的動力，為什麼在會議室或銷售會議上，你卻這麼快就拋棄了情感？請效法盲眼囚犯，激發出自己和他人的意志力。當人們處於人生最低潮，當他們極度害怕時，就會做出不可能的事情。

恐懼被說得很難聽，但恐懼能驅使你去做必須做的事。你還需要再做兩單交易才能達標？這沒什麼大不了的，但如果你需要再完成兩單交易，才有錢支付孩子的救命手術費呢？

所謂的意志是指「一個人刻意選擇或決定其行動方針的心理能力」[26]，所以恐懼雖然經常是幫助我們找到意志的一個簡單方式，但恐懼並不等於意志。

意志是感性的，它是一種無法形容的渴望，技能則是理性的，是能讓你用來贏得勝利的工具。而且跟其他基石一樣，我們會整合意志與技能這兩大基石，好讓你繼續打造你的計畫。

有心想要成功非常重要，但這樣還不夠；以銷售為例，你必須懂得如何與對方打好關係、提出問題、發現需求、化解異議、協商條件，最後完成交易。若不具備上述技能，再多的意志也是白搭。我拜讀了羅伯特・格林（Robert Green）所寫的《戰爭的三十三個策略》（*The 33 Strategies of War*）一書後，隨即去買了他的有聲書，這兩年來我開車的時候會反複聆聽，我至少從頭到尾聽了上百遍，我的求勝意志促使我努力學習致勝所需的技能。

再以《黑暗騎士：黎明昇起》這部電影為例，蝙蝠俠若想提高成功逃脫的機率，必須發展哪些技能呢？我想到了這些：肌力、平衡感和耐力，那麼接下來的問題便是，他必須做哪些事情來發展這些技能？

為了完成這兩個基石，我要請你問自己兩個問題：是什麼令你如此渴望成功？你必須增加哪些技能，才可獲得你要的成功？

本章內容摘要

金錢的力量沒有大到能通天，如果金錢是讓你努力的唯一誘因，那麼到了某個定點你就上不去了，你會變得懶惰或自滿。如果你希望這輩子有番作為，你必須找到比金錢更強的誘因。

那些能持續奮鬥的人，都是被比金錢更強大的力量所驅使，像鍥而不捨的精神、決心毅力、有目的行動，其實就是本章所說的：**意志**。敵人只能點火，要讓火持續燒下去則要靠意志。

在我們繼續討論之前時，請你問自己以下這些問題：

- **意志**來自何方？
- 你為什麼**一定要**成功？
- 「**有心**」是什麼意思？
- 如何**突破極限**？

成大事要靠意志來驅動，但也需要知識的輔助，你將會看到，意志與技能是息息相關缺一不可的。我很榮幸請來知名作家暨天文物理學家尼爾・德格拉斯・泰森（Neil deGrasse Tyson）上我的播客接受訪問，我請教他成功有哪些指標，他說：「不妨試著從數學的角度來看此事，並把下面四個特徵看成是一個超立方體（hypercube）的四個維度。」[27]以下就是他指出的四個特徵：

- 成績
- 社交技能
- 抱負
- 從失敗中復原的能力

前兩項特徵屬於技能，後兩項特徵代表意志，前兩項可以通過學習和培養來提升，後兩項亦有方法能增進。以我個人為例，我曾經在人生的不同階段數度雙缺：缺乏雄心壯志，也缺乏從失敗中復原的能力。拜敵人之賜，我才得以改變這兩大缺失。所以你在填寫這兩大基石時，請聚焦於如何培養技能和意志。

意志（而非欲望）才能給你力量

達德利．盧瑟福牧師創建洛杉磯山丘牧羊人教會的故事，至今仍令我感動萬分。教會剛成立的時候，每星期都會辦一場「新生訓練」歡迎新教友加入。新教友們並不知道，下個星期會有人上門拜訪，而且來訪者並非某個教友，也不是迎新委員會裡的委員，當新教友打開大門時，會發現盧瑟福牧師本人站在眼前。

盧瑟福牧師會親自拜訪每一位新教友，並自我介紹，他一直都這樣做，直到他的會眾達到一萬人。

你有抓到重點嗎？一萬名教友喔，就連我也不敢相信，我曾問他：如果一週內新增四十名教友怎麼辦？他說他會做一個時間表並畫好地圖，再帶上一籃子禮物去拜訪每一位新教友。

他就這樣十年如一日，難怪教堂規模在洛杉磯數一數二。你覺得他的字典裡找不到哪個詞？

想要。

想要無法讓你十年如一日地堅持下去，尤其是在你已經「成功」了之後還繼續做下去。

換句話說，**意志**才是讓你樂此不疲的力量。

意志是可以學習的

有了意志就不需要動機，所以我非常鼓勵我的團隊和孩子要擁有意志。人們多半認為意志是天生的，是教不來的，那我想請問你，你如何解釋一個原本表現不佳的球員或業務員，在換到新團隊後突然變成高手呢？我之前曾提過的薩寶拉夫妻檔，先生馬特是退伍的海軍陸戰隊隊員，兼具個人魅力、職業道德和領導能力的他，從事金融服務業簡直是老天爺賞飯吃，但即便如此得天獨厚，他仍在這一行裡載浮載沉了十五年。直到他加入我們公司，一下子就如魚得水了。馬特不但跟妻子希娜一起建立了龐大的事業，甚至還建立了自己的品牌 MoneySmartGuy，更出版了《信仰造就的百萬富翁》（*Faith-Made Millionaire*）一書。

其實馬特一直都有著出人頭地的雄心壯志，他只是沒遇上能夠激發其潛能的敵人與文化。像他這樣一到新東家就立刻有出色表現的例子我見多了，所以我才會說大家要努力**激發**出你的意志，而且這個道理不但適用於商業，同時也適用於育兒。

我兒子狄倫八歲時，開始熱衷於柔術，他越練越好、自信心也越來越強。某天我陪他練習時，他對我說：「爸爸，我將會成為世界上最偉大的戰士。」

我看著他的眼睛問道：「你說什麼？」

聽到兒子自己主動說出這樣的宣言，我非常驚喜，因為他從來沒說過這樣的話。

他說：「爸爸，我將會成為世界上最偉大的戰士。」

我說：「再說一次，說〔我將會成為世界上最偉大的戰士。〕」

「我會的，爸爸，我將會成為世界上最偉大的戰士。」

我不希望這一刻只是曇花一現，所以我們散了一會步，途中他又說了一次，我們討論了他必須做到哪些事，他必須做好哪些訓練，以及他如何才不辜負這番宣示，他又說了一次：「我將會成為世界上最偉大的戰士。」

過了兩星期後，有天我去柔術訓練場接他時，教練說狄倫似乎對柔術失去興趣，練習態度也大不如前，於是晚餐時我問他：「狄倫，今天練習時發生了什麼事？你不是說你將會成為世界上最偉大的戰士嗎？」

沒想到他居然說：「我從沒說過這句話。」

這種場面我見多了，我很清楚狄倫在幹什麼，我不會讓他隨便唬弄過去：「狄倫，你說過你**將會**成為世界上最偉大的戰士。」

「不是的，爸爸，我是說我**想要**成為最偉大的戰士。」

我老婆看了我一眼，我明白她的意思：「親愛的，算了啦！」但狄倫的手足也加入談話，大家一致認為狄倫有說過那句話。

「我們聽到的都是你**將會**，」我說，「而不是你**想要**，它們的意思差很大，我不會讓你隨便唬弄過去的。」

狄倫繼續硬拗：「我說**想要**成為世界上最偉大的戰士，我沒說過我**將會**是最偉大的戰士。」

身為領導者和家長的你，必須懂得該公開還是私下讚揚或教訓某人。只要我們繼續在餐桌上聊這件事，狄倫就會繼續給自己挖更大的坑，所以我牽著他的手，一起去外頭遛狗。

我對他說：「狄倫，我以前也說過大話，但後來我害怕了，你害怕了嗎？」

他終於卸下心防，並承認自己害怕了，我放軟口氣、心平氣和地對他說：「告訴我，你為什麼把我**將會**改成我**想要**？」

他說：「爸爸，那是因為如果我說我**將會**，我就必須做到，但如果我說我**想要**，我就不一定要做到。」

這個八歲的孩子哭了，我也在心裡陪著掉淚，但我其實是喜極而泣，我花了四十年才想明白的事，我兒子八歲就懂了：他明白意志和願望是不一樣的，我們從沒聽過願望力（wantpower）一詞，因為比起意志來說，願望其實是蒼白無力的。

不少人會說：「我想要一輩子被寵愛。」誰會理你；還有人許願：「我想要變成有錢人，好讓爸媽享清福。」力道不足；「我想環遊世界。」誰不想；「我想住豪宅。」不差你一個；所以「想要」一詞真的弱爆了。

雖然想要（want）跟意志（will）的英文首字母都是w，而且都是由四個英文字母拼成，但一個具有不可思議的力量，另一個卻毫無力量。

很多人都忘了，洛伊．克洛克（Roy Kroc）直到五十八歲才發現麥當勞，電影《速食遊戲》（*The Founder*）是我最喜歡的商業片之一，片中的克洛克被人們嘲笑了大半輩子，但是他屢敗屢戰從不放棄，每次失敗後他都鄭重宣布，他會努力實現自己的想法。雖然我沒有逐字記下他的用語，但我敢打賭洛伊．克洛克說的不是：「我**想要**打造一家能夠代表美國的標竿企業。」而是說他**將會**。

願望在你的未來中是沒有一席之地的。請你想像一下，你有個極其大膽的想法，但你知道它一定能成功，你不必對世人張揚此事，你只需告訴自己，那你會怎麼說呢？

如果你決心實現自己的願景，請告訴我你**將會**怎麼做。

從過去經歷挖出意志

有些人很會訂目標，卻鮮少實現目標，想要進步就必須做到極度透明與問責制。你會遇到瓶頸或停滯不前，多半是因為你對自己的信念半信半疑，或是沒有百分之百負起責任。很少人能單憑一己之力突破自我設限，多半需要一位特別的領導者、顧問或治療師幫忙。我很幸運在人生卡關時遇到一位貴人，他就是達德利．盧瑟福牧師（Pastor Dudley Rutherford），他對我個人造成非常深刻的影響。

關鍵是要能夠放下自我（ego），敞開心扉接受對方的指導，如果你能做到，你和你的子子孫孫都將受益，因為你的意志力將成倍增長。

繞了半天結果還是回到意志，當你說出「絕不再……」的那一刻，可能一切就開始變了。但沒有培養自己的技能也是不夠的，這技能就是不逞強，願意從一開始就坦承自己需要幫助。為了寫出有用的事業計畫，你必須找出問題的根源，這樣才能解決它們。培養技能是指對你的人生有幫助的任何事情，例如上健身房，或是做婚姻諮商。所以你在填寫你的技能基石時，請寫下你為了克服弱點所必須採取的行動，且不必計算它是對你的事業還是生活幫助大。**只要你進步了，你的事業就會跟著變好**。

培養技能就是把意志付諸行動，代表你願意讓自己變得更好。我聽過各式各樣拒絕培養技能的藉口：太花錢、太花時間、地點太遠，這些藉口都成立——前提是你想一直待在原地。我曾輔導過一位名叫瑪琳．蓋坦（Marlene Gaytan）的企業家和業務主管，她出身藍領家庭，因為沒錢念大學，她十九歲就開始做業務。她只是個按時計薪的兼職員工，所以當老闆要她們自掏腰包參加東尼．羅賓斯（Tony Robbins）的研討會時，瑪琳起初很頭痛，但後來她做了件聰明的事：**看別人怎麼做**。結果她發現抱怨者還是罵個不停，但贏家們全都付錢參加研討會，瑪琳清楚知道自己想成為什麼咖，所以她想辦法湊到錢參加。沒有大學學歷的她在入行第一年的收入就達到十萬美元。

最近我問瑪琳她在那場研討會上學到了什麼，她回答：「老實說，我根本不記得東尼．羅賓斯說了什麼，我只是很得意自己拿得出錢去參加研討會。這是我生平第一次向自己證明，我說要成功是認真的，**這件事徹底改變了我的身份認同**。」

你有抓到重點嗎？**花錢栽培自己改變了她的身份認同**。

瑪琳還不到三十歲就成了百萬富翁，現在跟丈夫荷西共同經營一家年營收四千萬美元的企業，她成功扭轉了「胸無大志」的家族傳統。瑪琳的成功是拜意志與技能的結合之賜，雖然起初只是一股想要成功的欲望，但因為她採取行動提升自己的技能，使得這股欲望得以持續下去，而她也為自己設計了一個原本不敢奢望的美好人生計畫。

技能也必須與時俱進

《哈佛商業評論》（*Harvard Business Review*）指出[28]，企業招募的新員工中，有能力做好目前職務者僅占二九%，再高一級的職位就別提了。你必須具備哪些技能才可以在今年大展身手？從事高科技業的工程師，個人技能趕不上行業要求的情況則更顯著。科技的發展日新月異，從業者必須不斷發展新技能，否則很快就會脫隊。如果你是個只懂C語言和Pascal的軟體工程師，肯定會被飽受嘲諷，薪水恐怕也會停留在一九九五年的水平。

沒有技能就無法支持你的宣言，如果你開始迷上某個主題，就把這股熱情引導到掌握更多技能。廣泛閱讀相關書籍，或是去參加同業大會，向其他高手學習。

一九九四年、時年三十九歲的賈伯斯曾說：「到我五十歲的時候，我迄今為止所做的一切都會過時，在這個領域裡，任何人寫的原理都無法維持兩百年。」[29]

很多人都把使用網路視為理所當然，但是就連此一技能也可能很快就會過時。隨著人工智慧（AI）的不斷發展——且速度快得超乎你我的想像——你最好也要具備使用AI的技能。X

獎基金會（X Prize Foundation）的創辦人彼得．H．迪亞曼迪斯（Peter H. Diamandis）在他的部落格上寫道：「這個十年結束時，世上將會出現兩種公司：那些充分利用人工智慧的公司，以及已經倒閉的公司。」[30]好萊塢男星艾希頓．庫奇（Ashton Kutcher）也很看好AI商機，並在二○二三年五月推出新的投資計畫[31]，該基金共募得二．四億美元，他說：「對AI視若無睹的公司，可能會被淘汰出局……因為AI就是那麼好用、那麼強大。」他倆的說法與科技大老比爾．蓋茲數十年前說過的一段話不謀而合，蓋茲曾在一九九○年代中期說過：「如果你的公司不在網路上發展，遲早會被淘汰。」[32]你一定要快速把你的熱情發展成技能，否則就太可惜了。

大多數公司都會提供員工培訓，有些公司則會讓員工報銷他們學習技能的費用。還有數百萬人則是以非正式的方式在職進修，有些人甚至是在自家的地下室裡學習重要技能。人人都擁有取得新技能的機會，關鍵在於有沒有這份心，只要有心向學，要找到獲得新技能的方法並不難。

不持續增加新技能，很難在市場上競爭，想完成技能基石的人，不妨問自己以下三個問題：

一、要實現明年的預測，我必須成為什麼樣的人？

二、我需要新增哪三到五項技能？

三、我將努力發展哪些職業（及個人）技能？

如何看書學會新技能

我現在終於敢老實告訴大家，以前的我真的很不擅長解決衝突，所以接下來我就要跟大家分享，我付出了哪些努力。首先我把解決衝突當做我要克服的三大重要課題之一，並規定自己在一年內閱讀六本關於解決衝突的專書，其中包括：《用情感勇氣領導》（*Leading with Emotional Courage*）、《再也沒有難談的事：哈佛法學院教你如何開口，解決切身的大小事》（*Difficult Conversations*）、《什麼才是經營最難的事？矽谷創投天王告訴你真實的管理智慧》（*The Hard Truth about Hard Things*），以及我最喜歡的《關鍵對話：活用溝通技巧、營造無往不利的事業與人生》（*Crucial Conversations: Tools for Talking When Stakes Are High*），這本書已售出五百多萬冊。我付出的所有這些努力（相信我，這很不容易），幫我把弱點變成了優勢。

你不必急著馬上就設定這一年內要讀幾本書，應該先確定明年最需要培養哪**三種技能**。假設你明年的重點是解決衝突、談判協商，以及整合人工智慧，你打算每個主題至少要讀六本書，而且至少要參加一項培訓課程——現場活動、私人教練、線上課程或同業聚會都行。

偶爾破例一次不打緊，但你閱讀的每一本書和參加的每一個培訓課程，最好都跟你必須具備的這三項技能有關，**而且重質不重量**，這樣你才能發現趨勢與共同性，並看出其中的矛盾，以便開始制定你自己的策略。就是要這麼投入才能做到轉弱為強。就是要下這麼深的工夫，你才能真正轉弱為強，並把去年的不足變成未來的優勢。

說到培養技能，身為領導者的你要帶頭做起。如果你們公司很重視問責制，那你自己當然不能漏氣，才能要求員工都要負起責任。只要你不斷示範正確的行為，你的團隊就會知道如何在這方面做得更好。如果你覺得自己需要做更多，不妨聘請專家來主持一場研討會，或是由你親自主持也行。

現在的你應該還沒能力執行你的大膽計畫，否則你根本不需要精進自己的能力。但只要鎖定三個重點領域，並全心投入學習，打造出堅若磐石的技能基石就指日可待了。

為自己和團隊培養技能

既然我們談到了培養技能，你可能會問：你應該制定計畫幫自己培養技能、還是應該幫你的員工培養技能？答案是兩者都要，如果你的財務總監是個數字高手，可是每次開會講的內容都讓大家昏昏欲睡，這會影響到整個公司。如果你的人力資源總監缺乏溝通技巧，你的員工可能會出現職業倦怠、人員流動率高，甚至是安靜辭職（quiet quitting，人在心不在，只完成自己該做的事，下班時間一到就走人）。

如果你是個人經營的獨資企業（solopreneur），或只是還在打算創業的階段，那麼你只需考慮自己即可。但如果你經營一家公司（company），你就必須跟團隊一起解決他們的技能問題。說不定有人已經把此事列入打考績的流程之一，你可以把以下三個問題，放入你的事業計畫中，這樣對你和你的員工都有好處。你必須問你的直接部屬以下三個問題：

一、你今年在哪三方面表現出色？

二、在哪三方面必須再加把勁？

三、為了解決上述問題或技能不足，你認為自己必須做些什麼？

二〇二二年初，我的金融服務公司在達拉斯牛仔隊（Dallas Cowboy）的主場館裡辦了一場活動，那是針對副總裁級主管舉辦的專案啟動會議（kickoff meeting）。之前我們曾做了一項調查，結果每位副總裁都說，他們想要提升自己解決衝突的能力。至於價值娛樂這邊則在研究如何改善內容創作者、編輯與業務人員間的溝通，它本來就充滿衝突，雖然我們做得還不錯，但我知道我們還可以改進。

我在二〇二二年初還做了另一件事，就是把《關鍵對話》列為每月一書，要求兩家公司的高階主管都必須一讀，而且還要把讀後心得發給我，然後見面討論。後來我還聘請了 Crucial Learning 公司的顧問團隊，來幫我的這兩家公司舉辦為期兩天的研討會。每場費用是三萬美元，我為這兩場活動花了六萬美元。

研討會結束後的幾週裡發生了一件有趣的事：我們爆發了更多衝突！雖然這個情況從表面上看令人擔憂，但我們很快便意識到，大家現在已經懂得如何處理衝突，而不是迴避衝突。我們運用剛學會的溝通技巧取代冷戰，並進行了良好的對話，顯見這項投資為兩家公司皆帶來很好的回報。

所以你制定的培養新技能計畫，必須把可能會影響到公司業務的每個人都納入。當你幫助別人獲勝，你自己也是贏家，這就是所謂的「授人以魚不如授人以漁」，所以你能送給別人的最好禮物，就是教他們懂得投資自己去培養技能。

你該投資誰以及如何讓別人投資你

我第一次見到梅若．柯希仙（Maral Keshishian）時，她還在華盛頓互惠銀行（Washington Mutual）的加州修道院山（Mission Hills）分行擔任櫃員。當時我二十多歲，是某公司的業務主管，十八歲的她則是加州大學洛杉磯分校的學生。我很不滿意她們銀行對待我的方式，所以打算結清帳戶，梅若冷靜且有耐心地傾聽我的投訴後，條理清晰地提出說明，讓我心服口服，當下我就決定，要是哪天我創業了，一定要延攬她加入我的團隊。當我創辦了自己的公司後，便在二〇一一年聘請她擔任我們公司的財務總監。

大學畢業後梅若繼續攻讀ＭＢＡ，她在我的金融服務公司迅速晉升，證明我沒看走眼。她的優點多到我可以寫一本專書來介紹，但現在我只想說一個重點：她真的很會學習新技能，而且知道如何讓身為老闆的我樂意為她的進修課程買單！如果你是個內部創業者或員工，我建議你以她為榜樣；如果你是執行長或公司老闆，我建議你一定要投資栽培像梅若這樣的人才。

想要讓老闆為你付錢並讓你帶薪進修，你必須在工作中表現出色，且為人正派，懶惰的員工卻要求公司栽培，是最荒唐的事。如果你是位有目共睹的實力派員工，且想跟梅若一樣不斷精進自己的實力，不妨參考以下做法：

讓別人樂於投資栽培你學習新技能的六種方法：

一、找到適當的進修機會（研討會、課程、活動）。

二、撰寫投資回報書，簡短描述重點即可，讓老闆明白你的技能進步對公司有何幫助。

a. 拓展人脈和商機有利增加營收。

b. 此技能對公司的長短期好處。

c. 你將如何成為公司更有價值的資產。

三、提供其他選項，如果進修活動是在旅遊勝地舉辦，雇主可能會懷疑你是假進修之名行玩樂之實，同時提供多個進修方案，才能贏得他們的信任。

四、說明你在進修期間如何繼續做好份內的工作，此舉可證明你懂得授權和栽培部屬。

五、在參加進修活動期間，把重要的學習內容以及精彩的時刻用文字記錄下來，並拍下內容充實的投影片，以及說明這些東西對公司有何好處。

六、課程結束後發送一份摘要報告，說明你學到了什麼、未來將如何應用這些知識，以及你在進修期間建立了哪些人脈。重點是公司會獲得哪些好處，可能的話，請提供真實的數字，證明公司對你的投資是合理的，如果你完成了一筆交易那是最好，如果沒有，也要提及你創造了哪些商機。

在梅若擔任財務總監時，我投資了一萬六千美元送她去哈佛商學院學習高階管理課程，做出這個決定很容易，因為她在之前的培訓中遵循了上述六個步驟，並不斷累積對公司有幫助的技能。她還不斷詢問自己的盲點是什麼、應如何改進，以及我會推薦哪些書籍讓她閱讀。因為她將建議銘記於心且不斷進步，所以我一直同意她參加更多培訓課程。

不斷督促自己進步的梅若，在三十一歲便出任公司的商譽長（chief reputation officer，負責社群媒體上的危機溝通、風險管理、企業道德和與舉辦企業社會責任活動），三十四歲便成為公司總裁，是這一行裡最年輕的女總裁。胸懷大志的梅若不斷增加技能，很快便把自己栽培成一位敢於冒險的天選之人。

開會也要用到技能和意志

你參加過傳統保險公司的會議嗎？我參加過的次數多到記不清了，我只能說這類會議無聊到他們必須把所有人的刀子都沒收（免得有人……），去參加保險會議時不須準備紙筆，但要記得帶上枕頭。

你應該也不想被列為超級無聊的會議主持人吧，要是你真的很不在行，怎樣才能提高這項技能？你必須採取哪些行動來提升開會品質？以下是把意志和技能兩大基石完美結合的訣竅。

先從以下三個問題著手：

一、本次會議的重要性何在？

二、我想達成哪些目標？

三、我們希望與會者在會議結束後做出哪些行為和態度？

相信我，只要你下定決心就能把會開好，事先花點時間做好規畫，把會前、會中和會後的相關事宜，全都安排地井井有條。你可以向那些很會主持會議的領導者請教，問問他們是如何準備的，問他們讀過哪些書，或是他們做了什麼來提高自己的能力。當你參加他們主持的會議時，你就會發現他們的撇步，你可以閱讀《HBR開會聖經》（*HBR Guide to Making Every Meeting Matter*）一書，學習傑夫・貝佐斯（Jeff Bezos）主持會議的獨門功夫[33]，他運用了以下三個技巧：

傑夫・貝佐斯的開會三原則：

一、人數要適當。貝佐斯說：「人數應控制在兩份披薩就能餵飽，我稱之為兩個披薩原則。」

二、不要用 PowerPoint，使用實際的備忘錄講故事，而非引用數據。

三、別急著講話，在會議開始之前，先讓大家有時間閱讀備忘錄或相關資訊。

需要什麼樣的意志才能贏得聲譽？

在我領導的同業諮商團體裡，有一對我負責指導的夫妻檔，先生叫馬修（Matthew）、太太叫韓格美（Hengameh Stanfield），他倆共同經營一家披薩連鎖店。但新冠疫情幾乎毀掉他們的事業，而且他們跟大多數公司一樣，也有棘手的人事問題，馬修說：「我們夫妻倆打算回學校進修，或是做點別的生意，例如房地產。因為披薩的生意越來越難做了，反正我們就是想試試別的行業。」

「你在說什麼傻話？」我問道：「我覺得你們家的披薩超好吃，你們自己應該也知道這一點吧，畢竟你們有那麼多的鐵粉。你們好不容易經營三、四年了，現在卻想放棄，改試別的行業？」

他們說是這樣沒錯，我承認當時我有點太激動了：「所以事情一不順心你們就想放棄，只有懦夫才會在遇到難關時放棄！」

幸好他們夫妻被我一激後，便說自己不是懦夫，而且也想保護得來不易的良好商譽。所以我請他倆回去好好想想，半途而廢會對他們的商譽造成什麼樣的影響。

由此可見，維護商譽跟經營者的意志力有很大的關係。有些人會說，意志力是教不來的，或說意志力是無法創造的，但你肯定知道我不以為然，所以我一直在尋找方法，要激起大家的鬥志。身為領導者的你必須懂得運用激將法，而且為了達到效果，有時候你必須一針見血戳中對方的痛處。他們是一對很有原則且價值觀正確的夫妻，所以他們便問我：「那你認為我們應該怎麼做？」

是「懦夫」一詞激發了他們的意志力嗎？

我老爸就很擅長激將法，他總能激起我的鬥志。我的叔叔強尼是個熱愛數學的物理學家，他的身材高大（快兩百公分），手裡總是拿著一本物理書，但他都快五十歲了，還整天拿著本物理書，是在看三小？因為我的個子很高、而且也很愛數學，所以大家常把我倆相提並論，甚至說我是小強尼，我把這話當成是一種讚美。

但是有一天我爸對我說：「我老實告訴你吧，你強尼叔叔是出了名的〔三分鐘熱度先生〕，他做事永遠只有三分鐘熱度，只要一遇到困難就落跑，並且另起爐灶，你不會想要成為他那樣的人的。」

我得知真相之後，非常害怕變成強尼叔叔的翻版，我才不想成為那樣的人。後來我念高中的時候，我爸又對我說：「兒子啊，別再這麼懶散了。」當時我的學科成績平均績點（GPA）只有一．八，我真的沒臉反駁他。

即便到了二十歲出頭，我仍在尋找自我，我的學習力道時強時弱，有時我會為了贏得比賽或達到當月目標，而臨時卯起來努力，但其實玩樂才是我的生活重心，我越來越像強尼叔叔了。

二十四歲那年，經歷了那個備受屈辱的平安夜後，我開始自省，並且終於搞清楚我為什麼滿腔怒火：原來我是在氣不成材的自己，因為我沒能實現自己訂下的目標。我本來還以為是這個世界惹我生氣，殊不知我自己才是凶手。我每晚準時到夜店報到，每半個月必去賭城一趟，其他的正經目標我全都沒做到，而應該為此負責的人當然是我自己。

最後我告訴自己，我**將會**成為一個言出必行的人，這就是我的經營哲學。只要我說我會做某件事，我希望大夥兒知道他們可以相信我：當派哥說了，就一定會做到。

請你捫心自問，你在商場上、在朋友或家人眼中的信譽如何？不要自欺欺人喔，當某人質疑你的意志時，你敢出聲反駁嗎？你最受不了別人叫你：懦夫？棄權者？馬虎哥？你發現自己做事沒耐性總是很快就放棄？這些都是你必須省思的問題，這樣你才能培養自己的意志。就像我之前說過的，意志並非固定不變的，因為事到臨頭時，我們會做出不同的反應，所以你必須懂得如何逼自己採取行動。

什麼事情能激出你的意志力？哪些話會促使你採取行動？

＊＊＊

無論你是在年初還是在年中讀到這篇文章，都請你把握機會，立刻為自己打造全新的信譽。你的朋友是怎麼評價你的？你的同事又是怎麼說的？你的家人呢？你的配偶跟你是心意相通，還是同床異夢？順帶一提，如果有三、四、五個人對你的聲譽都說了同樣的話，而且他們都非常了解你，那應該錯不了。

你同意他們的看法嗎？我可不是要你回去跟家人大吵一架，而是希望你能靠自己的努力贏得你想要的好名聲。

如果你問人們和我一起工作是什麼感覺，他們可能會告訴你我是個全力以赴的人，我對自己的要求很高，總是馬不停蹄地拼命往前衝，而且不太懂得拿捏界限。如果人們是這麼形容我的，他們並沒有亂說，這就是我的名聲。

你最不想聽到別人用哪三個詞說你？

你希望用別人哪三個詞形容你？

想清楚這些問題後，你就可以開始思考自己必須掌握哪些技能，以便獲得你想要的聲譽，只要有了想拼的意志，你就能學會相應的技能。

你還可以把這些問題跟你的敵人聯繫起來，想到你不喜歡的人說你壞話，是不是更加令你火冒三丈？

以我而言，因為我爸告訴我強尼叔叔的真實名聲，他喚起我必須「洗白」自己名聲的意志力，我發誓我**將會**改變，我要讓每個跟我做生意的人，都會豎起大姆指，說我這人一言九鼎，只要說了就一定會做到。

多虧我爸知道如何戳中我的痛處，我才會發誓自己**將會**改變，我相信沒有人願意被別人稱做「三分鐘熱度先生」、「不成才的傢伙」或是「沒用的懦夫」吧，你希望別人怎麼評價你呢？

雇用別人來補足技能缺口

當你被激得豪情萬丈時，你必須把這份激情轉化為一份行動計畫，來提升你的技能。有時你可以靠自己的力量完成這項任務，有時則可聘用、授權或引入合適的夥伴來助你一臂之力。

馬修和哈格美夫妻表示，他們想開放披薩店加盟，雖然他們對製作產品和經營店鋪很在行，但對加盟一竅不通，所以他們有兩個選擇：從零開始學習開放加盟的相關知識，並開始支付法律顧問費，或是聘請一個有相關經驗的人來負責此事。

他們商量後決定採用第二種方案，因為他們根本沒有足夠的精力去學習開放加盟的相關知識，所以他們問我：「我們**如何**才能招募到需要的人才？」

於是我們開始討論招募細節，我教他們如何找到最棒的人力銀行。你可以根據貴公司的規模，由你親自招募，或是由人資團隊處理。總之重點是，**要麼自己上陣、要麼請專人代勞**。

最後他們請來兩位曾經待過達美樂的高管，不到一年後，他們就在我每年都會舉辦、為期三天的 Vault 大會上，與現場的兩千名企業家分享他們擴大事業版圖的故事。他們不僅撐過了新冠疫情，而且規模還從四家店發展到八家，並計畫明年還要再翻一倍。距離當初想放棄這個事業還不到一年，他們就賺了兩百萬美元。

為什麼？因為他們把意志和技能這兩大基石成功融為一體，他們的故事讓我想起愛因斯坦（Albert Einstein）的名言：「不是我聰明，只是我跟問題周旋得比較久罷了。」[34]

當我說出那番話挑戰他們的聲譽後，他們不得不發掘自己的意志，要是他們選擇退出，就會被歸入懦夫的行列。懦夫一詞激怒了他們，而我則在那一刻成了他們的敵人，我的挑釁言詞成功激起他們的鬥志，進而促使他們找來專家負責開放加盟的相關技能。最終他們不但贏得我的尊敬，而且還大賺數百萬美元，為其事業的長遠發展奠定了基礎。

說到技能基石，你要考慮的是必須招募哪些人，或是把哪些任務委派出去。比方說，你並不喜歡自己做飯或買菜，如果想吃得健康，不妨找到理想的送餐服務，或是雇人幫你做幾小時的餐前準備，而不必強迫自己去烹飪學校上課或聘請私人廚師。

解決技能不足並不表示你要事必躬親，認為要麼全做、要麼什麼都不做，這是個常見的錯誤。舉例來說，隨著公司規模的擴大，你必須控制好財務，二元思維者會說：「我只有兩個選擇，要麼自己做，要麼花二十五萬美元聘請一位財務長。」但其實解決方法很多，你可以聘請一名兼職會計或是兼職財務總監，或是把應收帳款外包，就能解決問題。你甚至可以考慮讓營運長指揮一名優秀的實習生，就足以處理好基本的事務了。**我們並非生活在一個資源取之不盡的世界裡，所以你必須找到方法堵住漏洞，而非一手包辦所有事情。**

哪些技能對你的成功至關重要，而你卻沒有時間、興趣或能力去掌握？你有什麼策略把這些技能引進你的公司或你的生活？

人際能力：績效vs.信任

我非常同意暢銷書作家賽門．西奈克（Simon Sinek）的觀點，他認為軟技能（soft skills）應該被貼上人際能力（human skills）的標籤，他並根據此一主題製作了一支關於海豹突擊隊的影片[35]，講述他們在出戰時有多麼重視隊友。

西奈克把信任和績效加以區分，此一做法與我的意志和技能基石頗有異曲同工之妙。軍隊中的績效，就是軍人在戰場上的表現，信任則是別人對你的評價。企業中的績效是指結果：收入、關鍵績效指標（KPI），是具體可見的考核指標；信任則是指誠信：支持別人，信守諾言。

你更看重哪個人——你完全信任的人，還是技能高超的人？如果某人是個你無法信任的專家，該怎麼辦呢？如果某人很值得信任，但完全不知道自己在做什麼，又該怎麼辦呢？

當你在思考這些問題的答案時，不妨看看下頁這個矩陣：

這個矩陣是否令你想起團隊中的某個人？它是否令你思考自己是否給了足夠的信任？

5-1：績效 vs. 信任矩陣

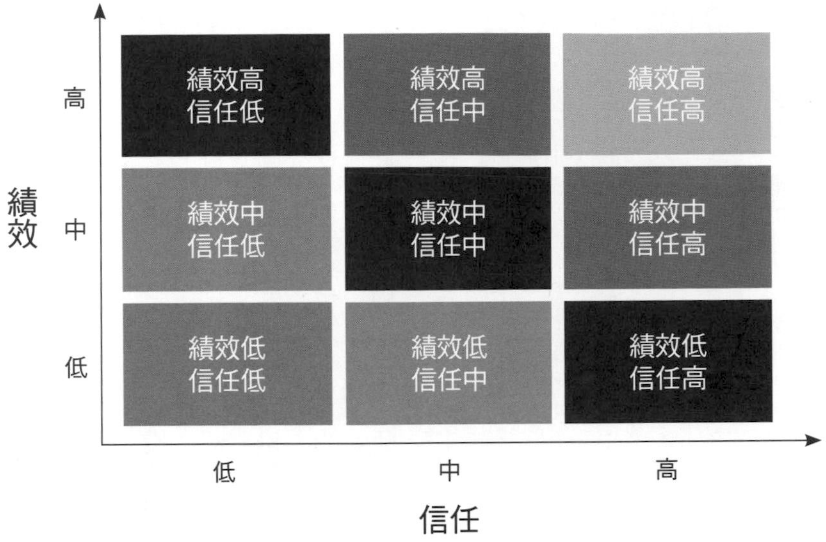

早在二〇一一年，我就發現有四個人處於信任軸的頂端，但是技能方面仍有待加強，他們是派崔克、梅若、馬里奧和提格蘭。沒錯，我也在名單上！因為我必須在領導力方面下功夫，為了研究如何成為一名更優秀的企業執行長，我報名參加了哈佛大學的領導力課程，必須離開公司一個月。要我一個月不管公司裡的事，簡直是要我的命，但事後證明這是我這輩子做過最好的決定之一。而且當梅若成為我們公司的高階主管後，我也讓她參加了同樣的課程。

馬里奧和提格蘭則是我的左右手，我完全信任他們，他們對成功的渴望遠遠超出我的想像，馬里奧一開始是典型的厄尼，他真的願意做任何事，但是當他無法順利執行任務時，他就會覺得很沒面子，而他所負責的專案也會受到影響。提格蘭則是一位才華洋溢的平面設計師，他的硬技能很強，但他也必須學習領導技能，才能擔起重責大任。所以我毫不猶豫便送他倆去華頓商學院（Wharton Business School）學習市場行銷課程，一週的學費加開銷，總共花了我將近三萬美元。

我可以提出一長串理由，證明這筆投資很值得：他們倆個學到了紮實的技能，這些技能讓他們在工作中的表現更加出色，他們為公司帶來了新思路，他們與高水準的人建立了人脈關係，這些人迫使他倆不斷提高自己的水準。不過最讓我印象深刻的是，當他們回到辦公室後，不僅走路的姿態變了，就連身份認同也變了。我的投資確實讓他們對我更加忠誠，但這項投資的回報不止這些，而是讓他倆產生了一種信念，且此一信念超越了我在辦公室裡能夠教給他們的一切。現在他倆都是非常優秀的領導者，並且大大提高了我們公司的文化水平。

我是做預測工作的，所以我猜肯定有很多人會質疑，這可是一大筆錢耶！如果他倆拿著華頓商學院的文憑另謀高就呢？雖然我很想用自己的話，跟你解釋為什麼我願意冒這個險，但引用名人的話可能更有說服力。

亨利．福特（Henry Ford）曾說過：「寧可栽培員工後他們另謀高就，也好過不栽培員工卻讓他們繼續留任。」[36]理查．布蘭森（Richard Branson）也說過：「把人培訓得夠好、他們才會離開，待人夠好、他們才不會離開。」[37]

對於那些能力很強但你不信任的人，該怎麼處理呢？如果你只能兩害相權取其輕，那表示你的領導能力有待加強；如果你認為你身邊都是這樣的人，就表示你沒有好好栽培他們，讓他們具備應有的工作技能，你認為梅若、馬立奧和提格蘭取代了誰？

我無法跟我不信任的人一起去打仗，在某些情況下，你可以讓這些人單打獨鬥，例如讓某個軟體開發者獨立完成一個專案，所以如果硬要我選的話，我會選技能稍差、但我很信任的人。

信任和個性是不同的。假設你有個非常會編碼的天才員工，但他很不會跟人相處；或是你有個非常能幹的財務長，但他每次主持會議都很催眠，又該如何處理呢？

答案取決於他們的「受教」程度，換句話說，他們有變好的意願嗎？如果有，那就投資栽培他們提升技能，使他們最終能成為你最信任的員工。最完美的情況是你團隊中的每個人都是技能好且信任度高，但我們的世界並不完美，所以你必須搞清楚每個員工的情況，你最

5-2：典範移轉的四個象限

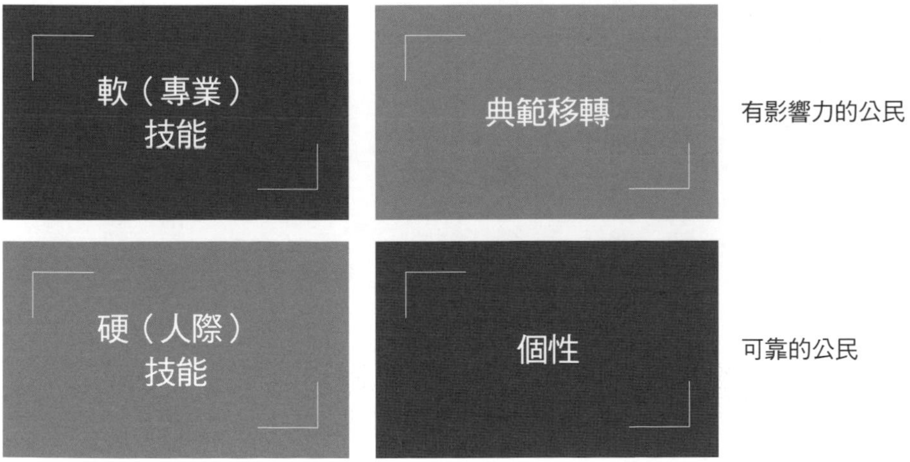

信任的人很可能也擁有最強的意志，如果其中有人的技能不夠好，你就必須栽培他們提升技能，因為技能是可以被教會的。栽培意志力強且信任度高的人，可能是你最棒的投資。

擁有超強專業技能與良好品格的人，才會成為可靠的公民，並為你的組織創造線性增長。具備軟技能的人，在經歷了典範移轉後，會成為有影響力的公民，為組織創造指數型增長。你的目標是為少數天選之人創造這種典範移轉，最終把公司帶到一個全新的高度。

激發意志與培養你的技能

一旦你完全發掘出自己的意志力，就能點燃全世界。有了這股激情，你會覺得什麼事都難不倒你，不論是做伏立挺身，還是募資演講，或是達成銷售目標。但其實你還需要具備一定的技能，才能征服一切。

你現在應該明白了，意志並非固定不變的，只要你提出正確的問題，就可以激出自己和他人的意志，但你必須在得到答案後願意馬上行動。這些行動能幫助你掌握必要的技能、讓你脫胎換骨變成你想成為的那種人。

本章的兩大基石

意志基石

行動方針：

一、是什麼讓你如此渴望成功？你有什麼好計畫，能夠把想要轉化為意志力？

二、你最害怕什麼？什麼想法或情緒令你如此情緒化，以至於你想盡一切辦法避免感受到它們？

三、你最不想聽到別人用哪三個詞形容你？

四、你希望別人用哪三個詞形容你？

五、你如何激發部屬的意志力？

六、你是否在自己身上看到某些行為模式和自我設限的信念？你將採取哪些措施（或向誰尋求指導）來阻止它們？

技能基石

行動方針：

一、要達到明年的預測目標，你必須成為什麼樣的人？必須具備哪三到五項技能？

二、你會努力獲取哪些技能／訓練，因為它們有可能提升你的身份認同？

三、你的領導人才或團隊成員欠缺哪些技能？你們將如何解決？

四、對於你自己無法獲得的技能，你將如何招募人才或授權他人代勞？

五、看完績效與信任矩陣後，你會做出什麼選擇？你會花錢栽培誰？你將強調哪些技能？

六、填空：我希望我的聲譽由以下詞語定義：＿＿＿＿＿＿＿。

七、填空：如果我一直有＿＿＿＿＿＿＿（填下你的最大弱點）的壞名聲，我就無法更上一層樓，且將使我所有的努力付諸東流。我將透過＿＿＿＿＿＿＿來彌補此一缺失。

第六課

使命與計畫基石

一小群意志堅定的人，懷著對使命永不熄滅的信念，就能改變歷史的軌跡。[38]

——甘地（Mahatma Gandhi），印度聖雄

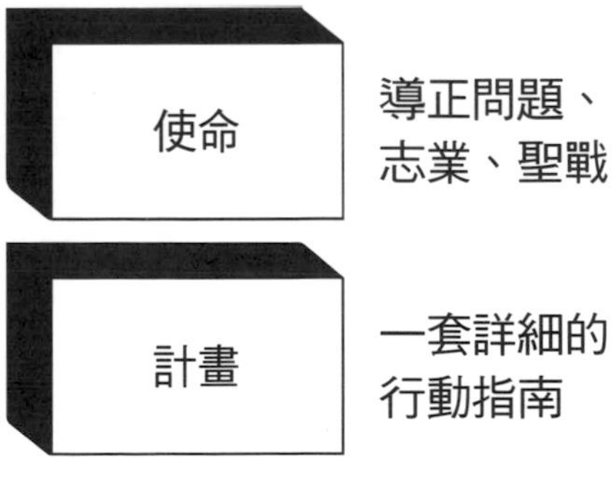

請你想像這樣的畫面：一位無趣的執行長在年度專案啟動會議中，像念經似地把攸關明年各項展望的投影片跟試算表告知團隊。他準備的內容明明非常充實而且條理清晰，他對於公司將如何增加收入和拓展新市場，都提出有理有據的做法，那為什麼都沒人聽呢？

現在再想像一下，賈伯斯以招牌造型——黑色高領毛衣、牛仔褲和球鞋，站在蘋果公司團隊面前，談論著他們將如何改變世界，他沒有使用 PowerPoint 投影片，但公司的使命就刻在他的靈

魂深處，他看著眾人大膽宣布：「我們的使命是製造能夠推動人類進步的思想工具，為世界做出貢獻。」

台下歡聲雷動！觀眾瘋狂了，他們準備接管世界。為什麼？因為他們知道自己的使命，而且這個使命令他們情緒激昂。

但賈伯斯不能止步於此，當他告訴大家**為什麼**要這麼做之後，還得告訴他們**如何**做，大夥已經準備好聆聽並執行他提出的任何計畫。

反觀理性掛帥型的執行長則會走投無路，他一旦失去聽眾後，就再也無法把聽眾找回來了。

現在我們明白了，感性和理性必須永遠交織在一起，業務計畫、季度會議、推銷電話、視訊會議以及團隊的精神講話（team huddle），都需感性和理性並用。本章要討論的兩大基石尤其如此，使命是高度感性的，計畫則是高度理性的，兩者相輔相成缺一不可。

有了使命就能創造持續時間，讓你能承受得住即將經歷的痛苦。你不會想跟一個有使命感的人競爭，而是想加入對方。事實上，缺少一個強而有力的使命，你很難吸引對的人才，你的公司就只是一家能提供工作的普通企業，你也只是個為五斗米折腰的普通人。在這種情況下，你將不斷面臨員工離開你的威脅。

本章內容摘要

你將學會如何建立與闡述你的使命，並不斷從中汲取靈感。請注意，我說的不是**動機**喔，因為當你肩負著使命後，你根本不需要動機，你的內心自會燃起熊熊烈火。使命與夢想和目標（這是我們稍後會討論到的兩個基石）的不同處在於，使命是沒有時間表的，而且待我們進一步討論後，你就會明白使命是超越目標的一樣東西。

你還將學會如何把使命轉化為計畫，我們將透過ＳＷＯＴ（優勢、劣勢、機會、威脅）分析，找出自己應努力的方向，還將學習如何預測危機，並且永遠領先別人三到五步。

招募你的使命

當我們說到「招募」（recruit）你的使命時，它是一項內部工作。我使用招募一詞的方式跟大多數人不同，對我來說，凡事都是招募，無論是為你的公司徵才，還是明確你的使命，都必須走出去讓事情發生。你的使命未必明擺在你眼前，所以你必須去招募它，並把它帶過來。

你可以做以下四件事來招募你的使命：

一、花點時間弄清楚什麼能打動你。

二、確定你對什麼感到厭煩和厭倦。
三、問自己：「是什麼令我如此激動」？
四、弄清楚是什麼事情令你如此煩惱，以至於你不做點什麼，你就無法忍受自己。

因為使命是感性的，所以確定自己的使命與選擇敵人有些相似之處。這麼做或許會對你有所幫助：想想是什麼令你覺得自己是弱者，是什麼令你感到羞愧。什麼事情如此重要，以至於你想用畢生精力去解決或改善？

我們價值娛樂公司可是花了數年時間思考我們的使命，以及找到精確的詞語來表達它。我們的使命是啟發、賦權（empower）和娛樂全球當前和未來的領導人。

請看以下三家公司的使命宣言：

- Patagonia：我們以拯救地球家園為己任。
- TED：傳播思想。
- 特斯拉：加速世界轉型至永續能源。

以下則是三位名人的個人使命宣言：

- 歐普拉・溫芙蕾（Oprah Winfrey）：「成為一名教師，激勵學生成為超越自我的人。」
- 華特・迪士尼：「讓人們快樂。」
- 金寶湯公司（Campbell Soup）前執行長丹妮絲・莫里森（Denise Morrison）：「成為領導者、過著平衡的生活，以及實踐道德原則以改變世界。」

對於上述所有公司和個人來說，使命是持續不停的，他們的計畫來自於他們的使命，但計畫會有生命週期，整體使命則永遠不會完成。

如果你編造一個使命宣言，只是為了把它放在你的網站上，那它就是一堆屁話，根本無法激勵你，只有一直在尋找動機的人才會幹這種無聊事。我讀過很多關於撰寫使命宣言的文章，大部分的內容都很枯燥乏味，讓撰寫事業計畫成了一件苦差事。與其**思考**公式，我希望你能**感受**到什麼能真正打動你。

現在就來搞清楚你這輩子真正想做什麼吧。下面有幾個問題給大家參考：

一、你是為了什麼志業而奮鬥？

二、你要導正什麼樣的不公不義？

三、你在領導什麼樣的聖戰？

想要招募使命，你必須先讓自己靜下來；你必須獨自完成此事，然後才昭告你的團隊。所以請你關掉手機，認真審視自己的內心，對自己提出上述問題，花時間去找到真正的答案。它可能需要花幾個小時，也可能需要花上幾個月，你要「允許」它自己顯露出來，而非去「搜尋」，因為它也許是你一直隱藏在內心深處的一部分，或是你一直在否認的事情。

雖然我很想幫你完成你們的使命基石，但我該做的，是不斷提供問題請你捫心自問，以及能夠幫助你審視自己內心的一些練習。其中一個練習來自一本名為《無領袖革命：普通人如何在二十一世紀掌握權力並改變政治》（*The Leaderless Revolution: How Ordinary People Will Take Power and Change Politics in the 21st Century*）的書，作者是前英國駐伊朗外交官卡內・羅斯（Carne Ross），羅斯說那些會發動革命或幹大事或搞出破壞式創新的人，通常是基於以下三個原因而行動的：

一、他們喜歡什麼

二、他們討厭什麼

三、什麼令他們煩惱

我童年時有過痛苦的回憶，包括爸媽離異，以及我在全家逃離伊朗之前對共產主義的經歷。我不是在賣慘，也沒有受害者心態，但是操縱人心、玩弄權術、對迫害噤聲以及共產主義，在我心中留下了傷疤，所以我選擇了意識形態上的敵人，並創造我的使命。

當我不再對自己的童年感到憤怒，並開始認真省思時，我就更接近發現自己真正的使命。我將在本章跟你分享更多的故事，但現在我要先給你來個震撼教育：你討厭什麼？你無法忍受哪些事情？有誰遭到霸凌而你想替他討公道？如果是你本人或你身邊的人遭到霸凌，你就真的會有所行動。有哪個你愛的人需要幫助？令你煩惱的事會讓你心有所感，並產生你需要的情緒。

找到令你煩惱的事情，並不一定要很有深度或是跟你個人有關，例如你喜歡浴室聞起來香香的，但你無法忍受人工香精的怪味，這樣的想法就會引出一個有利可圖的事業。

專門販賣浴廁芳香劑的 Pourri 公司，便提出了這樣的使命宣言：「以令人愉悅的方式，改變世人對他們一直以來所做事情的看法。」據 Inc. 的資料顯示[39]，Pourri 的市值高達四億美元。無論當初蘇西・巴蒂茨（Suzy Batiz）是因為喜歡乾淨好聞的浴室、討厭氣味不佳的浴室，還是人工芳香劑令她很困擾，才創辦了這家公司，但在此之前她曾經營過兩家公司卻都倒閉破產，後來才找到這個正確的使命。這個使命也說明了為什麼巴蒂茨在成功後沒有放慢腳步，即使光靠最初的產品「Poo・Pourri」就已經賺得盆滿缽滿，但是她隨即推出一系列天然清潔產品，因為她的使命就是要改變傳統的工作方式。

這些例子可以讓你繼續想你的使命，請你繼續問這些問題：你喜歡什麼？你討厭什麼？什麼令你煩惱？

我如何找到自己的使命

既然你已經看到別人如何找到他們的使命，你也該提出一些想法了吧。二十幾歲時，我的動力來自於證明敵人是錯的、賺大錢和贏得尊重，現在回想起來，二十幾歲的人淨想些自私的目標，其實是很正常的。

二〇〇八年十二月，距離敵人在節日聚會上羞辱我父親已經過了六年，我所有的努力開始有了回報，以一個三十歲的人來說，我算混得很不錯：我跑遍世界各地、在上萬人面前演講，還應邀回到我的高中母校，跟大家分享我白手起家的勵志故事。我還從我爸媽那裡聽到那句神奇的話，你知道是什麼：**我以你為榮**。我相信他們，且應該為此感到心滿意足才對，但為什麼我還是覺得若有所失？

二〇〇八年底，我在開始為明年做布局時，我問自己：「人生就只有這樣嗎？我經歷了那麼多風風雨雨，難道就只是為了賺錢？既然我已經賺夠錢了，為什麼還要每天早起上班？」我的直覺告訴我，一定有什麼東西比我正在過的生活更重要，現在回想起來，當時我一直在繞著真正的問題打轉：我的使命是什麼？

我試著重新奉獻自己，並閱讀勵志書籍，還報名參加勵志研討會，但一切都沒改變，我找不到任何事情能燃起我的鬥志。回首往事，有件事我可以給自己點個讚：那就是我非常積極地**招募**我的使命，我問自己很多問題，我和導師們坐下來詳談，向我的牧師達德利．盧瑟福請教，也請朋友們指出我的盲點。

其中一位朋友比爾・沃格爾（Bill Vogel）邀請我一同前往加州聖塔莫尼卡（Santa Monica）的米拉瑪酒店（Miramar Hotel），參加知名智庫克萊蒙特研究所（Claremont Institute）舉辦的會議。當時是二〇〇九年三月，我認為自己的表現只能算是差強人意：我的工作雖然進展順利，收入也還不錯，但談不上令人驚艷。這讓我明白「生於憂患死於安樂」的道理：缺乏敵人和使命，讓我感覺找不到努力的方向。

我穿著名牌西裝，開著拉風跑車前往會場，我發現旁邊是知名歌手兼演員派特・布恩（Pat Boone）。現場有很多大人物，但他們的演講都沒給我任何啟發，我很擔心這一趟白來了。

幸好後來輪到政治評論員、作家和普利茲獎獲獎人喬治・威爾（George Will）上台，《華爾街日報》曾在一九八六年說他「可能是美國最有影響力的記者」[40]。

威爾透過三個震撼人心的故事，開始講述律師是如何毀掉這個國家的。首先是一件無意義的訴訟案（frivolous lawsuit*）：有個孩子吞下了一枚魚鉤，家長對製造商提告；第二個故事指出肥胖症的盛行，與關閉眾多公園有直接關係；第三個故事則提到有律師坐在公園裡等著孩子摔倒，這樣他們就可以控告市府。

現在回首往事，我才明白喬治・威爾是個融和感性與理性於一身的演說高手，他穿著西裝、戴著一付「書呆子眼鏡」，看起來就是個不折不扣的保守派人士，但一開口就能語驚四座。他不

* 譯注：提起或繼續進行沒有法律依據或事實基礎的訴訟，因此在法庭上勝訴的可能性很小。其目的通常是為了騷擾或恐嚇被告，令其難堪。

像名嘴比爾・歐萊利（Bill O'Reilly）那樣自以為是，也不像喬恩・史都華（Jon Stewart）那樣風趣，但是相信我，你能感受到他的情緒。他很懂得如何挑動聽眾的心弦。在一小時的時間裡，他只憑幾個故事，就點出存在於美國社會的所有問題，我真的感動到不行！我突然覺得全世界都在期待著有人出面幫忙解決這些問題，而上帝似乎在召喚我成為其中一員。

活動結束後，我的朋友比爾把我介紹給喬治並說：「你能跟派崔克說點什麼嗎？他三十歲了，年輕時就在銷售方面幹得有聲有色，但他覺得自己必須有個使命，好讓他的人生更上一層樓。」

喬治問我：「你來自哪裡，你的背景是什麼？」

當我告訴他我來自伊朗，他問了更多我的家庭狀況，我告訴他，我媽出身於一個共產主義家庭，而我爸則是個帝國主義者。我還告訴他，我們是在一九八九年因戰爭而逃離伊朗，先在德國的難民營裡生活了兩年，然後在我十二歲時落腳加州。

喬治聽得很認真，讓我覺得他真的很關心我，他說：「你不妨去研究一下，為什麼美國是世界上移民最多的國家？再去研究一下，為什麼資本主義是最偉大的制度？全世界人民最想要的莫過於自由了，別忘了研究為什麼那麼多人討厭資本主義，這樣你就能看到它的另一面。」他還告訴我，去找出為什麼世界上只有美國夢，卻沒有俄羅斯夢，也沒有中國夢。

我把他的建議牢記在心裡，並感謝他抽空指導我。一離開會場我就開始學習了，所以我常說：**看一個人多快化心動為行動，就能預知他會不會成功。**你從人們聽到別人的建議後，無論是導師的指點，還是朋友推薦的書籍，多快採取行動，就能得知很多訊息。與喬治．威爾交談後，我立刻開始閱讀一切跟移民、資本主義和政治學有關的書籍。我根本不需要動機就學習得津津有味，因為我急於了解美國夢及其背後的歷史。

隔天是週六，我們照例在上午十點召開銷售會議，我很喜歡這些週六例會，想出新的資訊來激勵大家，是我一週的工作亮點之一。但在過去幾個月裡，情況有些不同，回首往事，我才明白當時我正忙著找到真正的使命、並重新創造自己。

所以這次會議跟以往截然不同，喬治．威爾的演講幫我找到使命，我針對美國的未來發表了長達十九分鐘的演講，我從來不曾像個愛國人士那樣「慷慨陳詞」過，其實我緊張極了，因為與會的許多人都是移民二代，當我問他們：「你們的爸媽為什麼會來到這個國家？」連我自己都嚇了一跳。

我從未感到如此生氣蓬勃。

每個人都用異樣的眼光看著我，這代表我傳遞的資訊跟以往大不相同，過去我通常只談夢想，但這次講的全是如何讓美國保持自由，為什麼那麼多人逃離伊朗？為什麼那麼多人離開俄羅斯？為什麼世界上其他國家都在談論美國夢？我被點亮了，我與我的使命聯繫上了，從那時起，我就充滿了火力。我從一個賺了一百萬卻找不到方向的傢伙，變成一個肩負使命的人。

從那個時候到現在，我的使命一直都沒變：用創業精神解決世界問題，以及傳授資本主義，因為世界的命運就靠它了。

＊＊＊

聽了喬治．威爾的演講數個月後，我意識到，光憑銷售領導的身份，我恐怕無法實現我的使命，我必須擁有真正的影響力。我的第一個行動是向我所屬的大型金融服務公司提出我的願景，可惜成效不彰，他們只要我幫公司掙大錢，只要我談結果而非想法。但這時候我已經無法滿足於只賺錢不談理想了，我明白自己必須放手一搏，照我想要的方式完成我的使命，為了做更多，我必須成為一名企業家。

當我創辦自己的金融服務公司時，我們的使命宣言就是為美國家庭帶回自由企業制度和希望。時至今日我依然堅信，只要我教會更多人如何自己創業賺錢，我們就能解決更多問題，且變得更自由。

我們將在下一章回過頭討論夢想，以及過去我用來激勵大家的夢想語言。夢想依然重要，但是根據我的設計，使命必須先於夢想，要是我沒有發現自己的使命，就算我已經擁有夢寐以求的一切，我還是會感到空虛。聽了喬治．威爾的演講之後，一切都變了，我有了撥亂反正的使命。

不知你有沒有注意到，我的使命包含了我喜歡的事物（自由、希望、資本主義）、我討厭的事物（限制、絕望、共產主義），以及令我煩惱的事物（操縱、缺乏選擇）。如果你還沒找到你的使命，是時候問問自己喜歡和討厭什麼，以及哪些事情令你感到煩惱。

用「因為」取代「只想」

有些人或許已經讀過這些故事，並開始寫下自己的使命，還有一些人可能正在認真思考如何定義自己的使命。還有一些人打算為自己辯解，為什麼他們不需要使命。我曾聽過許多人訴說他們為什麼不需要使命，他們的陳述中都會出現「只想」二字。

一、我只想過上不用為錢發愁的體面生活。
二、我只想賺到夠多的錢去環遊世界。
三、我只想過上一種能為教會服務、平靜度日的簡單生活。
四、我只想按時拿到薪水、存夠退休金，並且每天六點前回家吃晚飯。
五、我只想建立一個我的孩子們最終可以經營的企業。

你可能會以為我在批評這些人胸無大志，那你就猜錯了，我的重點在於他們為什麼要畫地自限，使用「只想」一詞，他們要麼是在限制自己，要麼是沒花時間「招募」他們的使命。

你必須問問自己，為什麼你會用「只想」一詞，是因為害怕失敗？還是你很務實，你只是老實說出自己願意付出這麼多的努力？還是因為你想得不夠深遠，所以無法發現自己真正的使命？

即使你不想深入研究，我還有個簡單的工具能幫你完善你的使命：拿掉「只」這個字就行了。且讓我們來看下面這兩個例子：

一、我只想賺到夠多的錢去環遊世界。

二、我只想過上一種能為教會服務、平靜度日的簡單生活。

現在去掉「只」這個字：

一、我想賺到夠多的錢去環遊世界。

二、我想過上一種能為教會服務、平靜度日的簡單生活。

這樣的聲明已經增加了一些力道，但我們還要繼續加把勁，把說法從「我想」變成「我的使命是……」

一、我的使命是賺到夠多的錢去環遊世界。

二、我的使命是過上一種能為教會服務、平靜度日的簡單生活。

可能有人會問：「派哥，這樣的使命夠好嗎？」這個問題只有你能回答，所以你僅管大聲說出來，看看會激起什麼樣的情緒。你可以先對著鏡子大聲說，並觀察你的肢體語言，如果感覺很好，就表示這使命說不定能行。然後去對別人說，看看你有何感覺，如果連你自己都覺得怪怪的，那就再想想，如果你感到自豪，這也是很有價值的資訊。總之多方嘗試，如果你覺得你的使命似乎行不通，就繼續完善它。

另一個強大的工具是寫出一個以「因為」開頭的句子。哈佛大學心理學家艾倫・蘭格（Ellen Langer）曾對「因為」一詞的效果做了實驗，結果發現無論是什麼樣的使命，只要加上這兩個字，都會變得更有力量。[41]

一、我的使命是賺到夠多的錢去環遊世界，**因為**人只活一次，我很幸運能做我爸媽做不到的事。

二、我的使命是過上一種能為教會服務、平靜度日的簡單生活，**因為**我忠於自己的信仰，並知道簡單能讓我更接近生命中最重要的東西。

現在把這個方法套用在最後一個使命宣言：我只想建立一個我的孩子最終可以經營的企業。我感覺這個人不敢說出他真正想要的是什麼，而且他的用詞更削弱了他的使命感。不過當我們拿掉「只」這個字，再加上「因為」二字，並搭配更明確的措辭，它就會變成一個更誠實、更有力的使命宣言。

我想創建一家能利益眾生的企業，並創造代代相傳的財富，因為我有能力做到，而且我愛我的家人。

你有看到其中變化嗎？雖然內容差不多，但比起「只想」一詞，後者的氣勢顯然強多了。

等你讀完本章，甚至是到這個月結束時，不論你的使命是否有變化，但只要你去掉「只」字，再加上「因為」一詞，並花點時間觀察你的感受，你就能找到符合自己心境的使命。

SWOT分析

你開始有感了嗎？你覺得熱血沸騰了嗎？好極了，我希望你已經準備好從感性轉往理性，因為我們要開始討論理性基石了。

不過在開始制定任何計畫之前，你必須先確定自己的方向。就像你要看地圖時，必須先找到「你在這裡」，在了解自己的現狀之前，你不能開始制定計畫。

SWOT代表優勢、弱點、機會和威脅，職場菜鳥可能第一次聽說SWOT分析，老鳥說不定已經做過N次。無論你是菜鳥還是老鳥，這次要請你帶上兩樣東西：**感性和極度透明**。那些引導你反思自己使命的問題，有可能帶出既讓你充滿信心，又令你痛徹心扉的事實。

可能有人很感歎：「我早就想讓我爸媽退休享清福了，但我就是不知道該怎麼做才能達到百萬年薪。」這句話已經如實呈現出你的弱點了。

還有人說：「我想提高醫療保健的效率，因為還沒人找到解方，但我知道我做得到。」這句話既顯示出你的機會，但同時也能看到，會有來自公共政策以及資金更雄厚的競爭對手之威脅。

你甚至會注意到，缺乏技術和分析方面的知識，有可能會阻礙你的發展。

你為使命所下的工夫，會直接影響到你的計畫，無論前面的練習有什麼結果，你都應該把這些資訊納入你的SWOT分析。而且我建議你對自己和你的企業都這樣做，因為其中會出現一些交叉。你可以跟團隊一起做公司的SWOT分析，現在則先聚焦於你個人的SWOT分析，這樣你就可以開始制定自己的年度計畫了。

這份清單僅供參考，你當然可以按照自己的情況列出你的清單。建議你可以參考你的SWOT分析來填寫你的技能基石，例如你覺得自己不是個很好的傾聽者，這可能會導致一些頂尖人才離開你的公司，那你就知道自己必須加強哪些技能。

我們就來深入探討這四個象限吧。

優勢

充份利用你最擅長的領域。

審視自己的優勢是發現機會的好方法，如果你是個成交高手，或是一位很厲害的銷售講師，卻忙於企業經營的日常瑣事，而無暇顧及這些活動，這就是機會！最好的解決辦法，就是把這些活動排入你的一週行程內，讓你可以回去主持銷售會議，或至少每月舉辦一次培訓。另一個辦法則是讓你的團隊知道，對於大客戶的推銷會議你也要參加。

優勢	弱點
職業道德	領導能力
受教程度（coachability）	同時管理多項專案的能力
行業知識	做事沒條理
全神貫注	傾聽

機會	威脅
擴大事業規模	健康差、沒體力
開拓新市場	員工轉投敵營
生產力提高	資金短缺
培養新的領導者	利率、市場情況

如果你是個出色的研究人員，卻老是被拉去寫獎助金報告，你就必須想辦法回實驗室。像馬斯克骨子裡是一名工程師，他熱愛實驗，喜歡跟其他偉大的思想家合作，雖然經營企業占用他許多時間，他還是會抽空去做他的「老本行」，才能滋養他的理智和靈魂。總而言之：如果你沒有發揮自己的優勢，沒有去做最初讓你成功的事情，你很有可能失去成功。

弱點

培養技能、授權或化弱為強。

我剛進職場沒多久，就發現自己是個大而化之，不拘小節的人，但我認為這是因為我很有創意，所以與其花時間彌補此一缺點，倒不如建立系統，避免它扯我後腿就行了。我會授權給其他人代勞，並延攬有條理的人進入我的核心圈子。我很早就雇用一名私人助理，因為我知道，沒有私人助理，我很難賺到百萬年薪。我的私人生活則全數交給我太太打理，包括孩子們的活動和我們的社交行程，她會告訴我什麼時候該出現在哪裡，這對我幫助甚大。

大多數人都很清楚自己的長處，但對自己的缺點卻渾然不知，所以我經常把它們稱為「漏洞」。那是你不想讓人知道、不敢承認或不敢寫下來的東西，例如喜歡賭博、沉迷於社群媒體、愛玩電玩、愛吃速食，或是喜歡撩妹。這些都是我們不願承認的弱點，但它們會消耗我們的精力、財力和時間，如果不好好解決，這些漏洞遲早會爆裂開來，摧毀你的財務和幸福。

機會

只問有什麼機會，不必擔心如何做。

機會是令人興奮的，你可以透過問很多「如果……會怎樣」（what if）的問題來找到商機。

- 如果市占率不會變少、漲價一五％會怎樣？
- 如果能找到一位能讓現有團隊變強的銷售主管，讓我能專心發展領導力會怎樣？
- 如果幫高階主管安排一名私人助理，他們的工作效率會提高多少？

- 如果能在銷售組合中添加一個新產品會怎樣？
- 如果我們能聘到一位能讓頁面瀏覽量增加三倍的製作人會怎樣？

威脅

養成偏執的心態應對威脅。

明年和未來十年，你將面臨什麼樣的威脅？你把家人帶進公司，如果他們開始爭吵會發生什麼事？就像處理弱點一樣，你要麼自己動手，要麼委派他人處理。你有必要親自研究每一個課題嗎？是自己做比較好，還是花錢請別人做比較划算？比方說吧，你是一家投資新興市場的對沖基金，但你根本沒有時間或資源，來關注這裡的地緣政治威脅，所以你把這項工作發包出去。

至於健康不佳、職業倦怠或精力不足這些威脅，不論是聘請私人教練，或是在辦公室裡附設健身房，或是每週安排兩次瑜伽課，皆可同時減輕你個人與組織的威脅，堪稱一舉兩得。

＊＊＊

請注意如何兼顧感性和理性做好SWOT分析，如果你的威脅是人員流失，那麼理性的做法是與你的人資團隊（如果沒有，可以外包或是聘請顧問）研究薪酬計畫及勞動合約；同時還要想辦法讓員工感受到你對他們的關心，從而建立忠誠度。如果這是個弱點（許多領導者都有這個弱點），那就在弱點這一欄中加上「要讓大家知道我關心他們」，並納入你的事業計畫中。

你看出來了嗎？這是一項結合了感性與理性的計畫，還有一點，你必須先搞定**人**的問題，才有辦法制定**計畫**，而這個人當然就是你餘生每時每刻都要與之共度的那個，**你！**

需要關注的事情必須超前部署

讓我們把計畫的細節說得更具體一些，你要把每年必須密切關注的新聞話題——例如大選、稅法的修改——做成清單，並依此規畫你的策略和行事曆。你必須綜觀全局，才能做好事業的整體發展，而不會只著眼於業務。

我認為這麼做是理所當然的，但是每當我在商務會議上詢問有誰會讀《華爾街日報》時，舉手的人並不多，常令我大吃一驚。這是你我都必須閱讀的報紙，即使你做的是某種特殊專業，也需要關注商業和地緣政治方面的新聞。

現在這個時候還討論新冠疫情，頗有白頭宮女話當年之感，但在二〇二一年時它確實是每個人的頭號威脅。你需要有個計畫來因應授權和在家工作。隨著情況和失業率的變化，你必須不斷更新計畫，以滿足員工和客戶的需求，你如果不清楚周圍發生的事情，就無法隨機應變。雖然供應鏈等話題始終相關，但你必須做更具體的規畫。假設你從事的是運輸業，你就必須關注火車司機員罷工、輸油管線的相關立法，以及清潔能源的稅賦優惠政策；如果你從事的是金融業，就必須密切監測通貨膨脹、失業率、利率和新法規。

人生中無法預見的意外已經夠多了，所以對於明知必會發生（或有可能會發生）的事件，就應早早預做防範。說你無法預測會發生罷工就太扯了，因為你很清楚團體協約（collective bargaining agreement）哪天到期，也知道主要員工的聘僱契約會在哪天終止。至於明年預定舉行的聯邦、各州和地方選舉，日期也都是確定的。

除了一些重要話題必須關注，某些重要人士的動向也要留意，例如市場傳聞對手公司的某位高管要退休，你豈能輕忽，因為這既是威脅也是機會：離職者可能打算另謀高就，說不定該公司打算挖角**你的**員工，去當他們的執行長，所以你必須為上述各種可能性預先想好對策。

你在列出你應關注的人與事之清單時，應考慮以下事項：

一、行業
二、政治
三、經濟情勢、通貨膨脹
四、法規
五、勞動合約的重要日期
六、領導者的更換

作業計畫：規畫好一整年的行事曆

預先規畫好一整年的日程，盡量避免重要事件撞期：孩子的演奏會與董事會撞期，公司的靜修會與表弟的畢業典禮撞期。已故的柯比・布萊恩（Kobe Bryant）在接受採訪時告訴我[42]，湖人隊在耶誕節當天幾乎有比賽，而他的因應方法是提前規畫好一整年的行程。與其臨時抱佛腳，不如提前做好準備。

如果你知道將錯過某個重要活動，你一定要跟對方約好改天見面的時間，如果時間怎麼都喬不攏，你一定要彌補他們，例如送上一份特殊厚禮。你的行事曆必須做好一整年的計畫，並把每個月的活動、靜修會、策略會議、董事會和季度審查會議全都列出來。

大多數人會把節假日設定為彈出視窗以便準時提醒你，這是個不錯的做法。你務必記取教訓，如果你老是為了忘記慶祝情人節而跟伴侶吵架，那你就應該提前一個月把它記在一月十四日的日曆上，然後你就可以精心選購禮物或計畫出遊了。

我們會在下一章討論建構系統基石，屆時我會再跟你多介紹一些善用行事曆的策略，但現在我要告訴你，我的排程計畫總是提前至少一個季度，如果你的銷售額通常在夏季下滑，那你不妨在三月一日安排一次異地會議（offsite meeting*），這樣你就提前十週預做準備。回到你的

* 譯注：通常會安排在旅遊景點召開之兼具培訓和娛樂功能的會議。

SWOT 分析和你的技能組合，開始填寫你的日程表，找到三個合適的培訓課程，現在就把它們排入日程表，當你報名並付了訂金後，你就已經邁出了解決弱點的重要一步。

防患於未然

在我的上一本書《步步為贏》（*Your Next Five Moves*）中，我們仔細研究了西洋棋大師是如何預見接下來的十五步棋。在制定事業計畫時，你也必須做好預測，才能化被動因應為主動出擊，要做到這一點，必須在危機發生之前就預先制定應變計畫。

《部落：一呼百應的力量》（*Tribes*）和《團隊領導的新思維》（*The Song of Significance: A New Manifesto for Teams*）等多部暢銷書的作者塞斯．高汀說[43]：「專業的專案管理最厲害的地方在於，它用系統性思維和刻意的行動取代興奮。我們把那些在千鈞一髮之際出手救援的人視為英雄，但我們該做的其實是避免這種千鈞一髮的情況。」

如果你住在紐奧良（New Orleans）、菲律賓（Philippines）或佛羅里達（Florida），卻沒有為颶風或颱風預做準備，那未免太天真了。你早該在颶風或颱風來臨之前，就制定應變計畫，但想要做出有效的計畫，請研究歷史：了解颶風有哪些規律？你必須提前做好哪些準備？

我們的金融服務公司總部就位於德州的達拉斯市（Dallas），我們要應付龍捲風，也要因應寒冷的冬季，因為可能會發生管線破裂、停電以及學校因道路濕滑而停課。資訊系統也是如此，我們必須預測最壞的情況並做好準備，例如購買筆電或熱點，以防萬一我們的辦公室或員工家中無網路可用。

不論是天災還是人禍，你都必須事先想好哪些做法能縮短危機，如果沒事先做好計畫，危機恐怕會一直延續下去。

你無法阻止危機的發生，但是你的反應對策可將其影響降至最低，美國前總統艾森豪（Dwight D. Eisenhower）曾說過：「在準備戰鬥的過程中，我總發現計畫趕不上變化，但還是一定要預先規畫。」[44]他不像英國軍隊那麼有創造力，英國軍隊有句名言，叫做7個P：適當的規畫和準備，可避免糟糕的表現。[45]（*Proper Planning and Preparation Prevents Piss Poor Performance.*）

備有計畫的領導者就可從容不迫，我們都有可能情緒失控，那些遇事能夠保持冷靜的人，多半是因為他們早就提前擬好了應對方案。當發生危機時，有些人會驚慌失措，有些人則是後知後覺。如果把危機的嚴重程度從一排到十，九分自然不能等閒視之應該盡快處理，若你把它當成兩分對待，那可就麻煩了。

先見之明能讓你提前五到十五步**預知**危機的發生，如果你的事業計畫中已經提及可能發生的危機，到時候你就能精準地處理危機。未來情勢無論是好是壞，我都會為之制定計畫，有人認為我太悲觀，但我認為那是理性的危機規畫，因為當危機來襲時，我可不想衝動行事、失去理性、情緒失控或遷怒別人。

我希望我能面面俱到地想好每一步行動，我會竭盡全力防止壞事發生，我甚至規畫好了事情真的發生時，我會採取的頭三步或頭五步動作。

這就是為什麼我很喜歡用西洋棋來比喻商業，以及深入研究黑手黨的原因。專家級的規畫指的是能預見事情的發生，例如早一步揪出在內部興風作浪的叛徒，讓他們無法得逞。有時你必須加強與關鍵人物的關係，如果團隊成員很怕你，他們可能會報喜不報憂，以免惹你生氣，但這會對公司的永續發展帶來很大的風險。所以趕緊跟團隊展開更多互動吧，認真了解他們，讓他們感受到你的關心，從而對你建立忠誠度。如果你想與他們深交，問他們的敵人是誰！

威脅總是伺機而動，如果你老是一個人關在辦公室裡，可能會錯過很多東西。你應經常到團隊裡走動並跟大家交流，如果你們的工作大多是虛擬的，那就多打電話和多發簡訊，多到辦公室明查暗訪，留意是否有人在暗中搞鬼。

然後開始玩「如果」遊戲。

「如果我失去了最大的客戶會怎樣？」

提出這個問題後，我便開始研究如何防止這種情況發生，我是不是太不把客戶當回事了，這是個常見的錯誤，我們只顧著爭取新客戶，而冷落了老客戶。你不該養成讓其他人代替你接待客戶的壞習慣，或許你應該更常親自接聽電話，安排與客戶見面，或是送對方禮物。

你看出危機的處理模式了嗎？找出威脅或潛在的危機，然後搶先制定因應計畫，並不斷問自己：如果我失去了業績最好的王牌業務員，或是替公司賺進最多營收的員工，會發生什麼情況？

當你問了這個問題後，你就會認真思考該怎麼做才能防止公司的超級明星離開？若按一到十來打分，你與她的關係是幾分？假設你打五分，那你說不定得帶她出去參加一項活動，花一些時間招待她和她的家人，讓她知道你有多在乎她。她必須知道這一點，這是你的留才計畫中的一部分。你還應考慮以下的「如果……會怎樣」問題：

一、如果我現在的辦公室被迫搬遷會怎樣？
二、如果我們資金短缺會怎樣？
三、如果我生病或是受傷不幸失能（disability）三個月，有替代方案嗎？
四、工資或材料成本上漲會有什麼影響？
五、如果我們被告了該怎麼辦？
六、如果我們必須迅速擴大規模、雇用更多員工，該如何加快進程？是增加人資團隊的人手，還是雇用人力招募公司？

更好的提問方式，是在問題中附上解決方案，因為當你用這種方式提問時，就等於直接進入行動。打個比方：如果我的員工打算組織工會或罷工，我的頭三個因應步驟是什麼？你看懂更高明的提問方式了嗎？

當你問自己：「接下來該採取哪三到五個行動」時，你就會著手制定具體計畫。以第五個問題為例：「如果我們被告了該怎麼辦？」你有沒有發現，這種問法並未能讓你進入解決模式，你應該這樣問：「如果我們被告了，應該採取的頭三個步驟是什麼？」如果第一步是找律師，但你並沒有律師，這就暴露了你的一個劣勢，你必須立刻採取行動，以便有個法律顧問隨時待命。

採取開放式問法的效果也好不到哪裡去：「如果我們資金短缺會怎樣？」答案很可能是：「我們會驚慌失措。」或是：「我們會安排一筆信用貸款。」但那時已經太遲了，要是能提前三步做好資金規畫，不是更好嗎？

例如採取以下這些措施：

一、使用現有的信貸額度；

二、暫停所有非必要的差旅並停止招募新人（緊急招募除外）；

三、與曾經有意投資我們的蘇珊再次聯繫。

這些全都是你必須提出和回答的問題，我經常向我的團隊提出這些問題，你猜猜看，當我問「如果……會怎樣」的問題，而某人回答：「我不知道」時，我會說什麼？

「我非常清楚會發生什麼情況，你會驚慌失措，因為你完全沒預做計畫。如果你沒在危機發生之前就預先想好因應計畫，你已經為失敗埋下了伏筆。」

為危機制定計畫、並預先規畫出至少三項行動，你的事業計畫絕不可少這個簡單的步驟。

使命要與時俱進

如前所述，我聽完喬治．威爾的演講後不久，便在二〇〇九年創辦自己的公司，二〇二二年以九位數的價格賣掉那家公司，在完成交易的那一天，我的使命有什麼變化嗎？我停止製作內容了嗎？我關閉了價值娛樂公司嗎？我週六不工作了嗎？

如果我賺到的錢早已超過生活所需，為什麼我沒有放慢腳步？

因為我的人生使命從來不是致富，金錢只是我追求人生使命的一個副產品，這意味著我的使命永遠不會完成，因為永遠都會有問題必須解決，永遠會有企業家需要我的指導，資本主義也永遠會面臨威脅。

儘管如此，使命的具體內容可能會改變，以我個人來說，大局不會變，我的使命永遠是提升、賦權和影響。我想成為一個「造王者」，意思是當我把我的領導力傾囊相授給某人，他就會達到新的高度。

讓你的使命與時俱進的一個方法，就是謹慎使用你的語言，即使事情生變，也要時時警惕自己別說「我只想……」，而應說「我的使命是……」。

根據使命來制定事業計畫

聽完喬治．威爾的演講後，我告訴自己：「我可不想就這麼庸庸碌碌過一生。」讀到（或聽到）這裡的人，想必都跟我一樣，不想就這麼庸庸碌碌過一生。你已經在本章中學到，你必須投入時間——包括工作之餘——去招募你的使命；記住，你要讓你的使命自然浮現，一旦它出現了，事業計畫的理性部分自然會跟進。

在制定事業計畫時，你必須牢記的最重要的一件事就是：預測，而且至少要超前部署三到五步，讓你措手不及的事情愈少愈好。當危機發生時，大多數人都會驚慌失措，但敢於冒險的天選之人會從容不迫地進入解決模式，果斷採取早就充分演練過的因應措施。

本章的兩大基石

使命基石

行動方針：

一、你將如何招募你的使命？你必須提出哪些問題，才能找到心中的烈火？

二、你要為什麼樣的志業奮鬥？你要導正什麼樣的不公不義？你在領導什麼樣的聖戰？

三、你熱愛什麼？你討厭什麼、而且最終會鼓起勇氣挺身抗爭？哪些事情令你備感困擾、且想要改變？

四、寫出一份含有「因為」且不含「只想」二字的使命基石。

五、至少測試兩次，看看感覺如何：

a. 大聲說出你的使命。

b. 對著鏡子說，觀察自己的肢體語言。

c. 對別人說，並記錄下你的感受。

六、老實承認你志得意滿了，如果你開始覺得無聊、停滯不前，或是為了好玩的事物分心，這些跡象都顯示你應該重新審視你的使命。

計畫基石

行動方針：

一、完成一份SWOT分析，誠實說出你的劣勢、漏洞，並提出「如果……會怎樣」的問題。

二、在SWOT分析的基礎上，為你公司的三個領域制定改進計畫。

三、列出如果你突然失去工作能力或請病假或發生災難時，你會採取的三至五項行動。

四、針對至少七種情況提出「如果……會怎樣」的問題，並確保你至少能規畫出頭三至五個步驟。

第七課／夢想和系統基石

壞習慣之所以會自行重複，並非因為你不想改變，而是因為你用了錯誤的系統，你未能上升到你的目標高度，而是跌落到該系統的水平。

——詹姆斯．克利爾（James Clear），《原子習慣》（*Atomic Habits*）作者

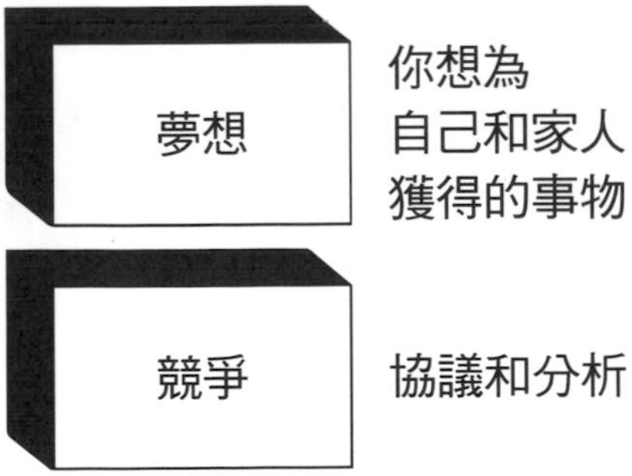

我在十三歲的時候迷上了棒球，當時我剛到美國還不滿一年。那時我不愛念書，卻很愛看《每日新聞》（*Daily News*），因為該報的體育版有大量統計數字，而棒球則是擁有最多數據可供分析的體育項目。我經常沉醉在球員的平均打擊率和上壘率這些數字當中，雖然我根本沒有打棒球的天賦，也從未參加過有組織的球隊，但我仍夢想著有一天能在大聯盟打球。

許多孩子在少棒賽場上實現他們的幻想，而我則埋首於《貝克特》（*Beckett*）雜誌，它裡面

有每張棒球卡的價格，每個月我都會購買最新一期的雜誌，迫不及待地查看我最喜歡的球員卡的價錢：喬．迪馬喬（Joe DiMaggio）、盧．格瑞格（Lou Gehrig）、尤吉．貝拉（Yogi Berra）、貝比．魯斯（Babe Ruth）以及米奇．曼托（Mickey Mantle）。我老是幻想著有朝一日能擁有一張貝比．魯斯的新秀球員卡，它在我的清單上屈居第二，僅次於一九五二年Topps公司出的米奇．曼托球員卡，當時的價值為三萬三千美元，到了二〇二三年，全球只有三張卡被評為PSA十級，它們的價值介於兩千萬至三千萬美元之間。錯過這張卡也是無可奈何的，因為三萬三千美元對當時的我而言猶如天價。

這些卡片是我通往夢想的大門，我還記得我念八年級時，放學後跟朋友們一起回家的路上，我會問大家：「要是哪天你有錢了，你會想要買下哪一支大聯盟棒球隊？」大多數人都會說是我們家鄉的道奇隊（Dodgers），但我有個好哥兒們喜歡泰德．威廉斯（Ted Williams），所以他想買波士頓紅襪隊（Red Sox），而我則因為這些棒球卡而選了紐約洋基隊（The New York Yankees）。

這是個瘋狂且毫無意義的夢，如果我當真了，我就會被送進精神病院。但世上每個偉大的成就，莫不始於一個想法，而每個大膽的目標，都始於一個夢想。

所以我在本章中邀請你放膽作夢，哪怕被人懷疑瘋了也無所謂，因為只有這樣，才能讓不可能的事情成真。就像國中的我，居然肖想著買下曾經二十七次贏得世界大賽冠軍的洋基隊。

當那天我接到一通電話，告訴我有機會成為紐約洋基隊的少數股東時，記憶瞬間把我帶回到年少時的夢想。

這些年來我一直在尋找體育界的投資機會，所以當洋基隊打電話來時，我立即要我的律師開始幫我準備相關程序。美國職棒大聯盟和洋基隊，會花十三個月的時間做背景調查和面試。最後一步是飛往紐約布朗克斯區的洋基隊總部，接受我這輩子最重要的一次面試。屋子裡坐著洋基隊的四位高官：老闆哈爾・史坦布倫納（Hal Steinbrenner）、總裁蘭迪・萊文（Randy Levine）、營運長隆恩・特羅斯特（Lonn A. Trost），以及洋基全球企業的財務長東尼・布魯諾（Tony Bruno）。沒想到面試竟是最輕鬆的一關，因為他們是我喜歡的那種人——開誠布公、尊重他人、不怕面對真相。

最後，二〇二三年六月，當我在百慕達（Bermuda）時，我的律師打來電話說：「恭喜你，你正式成為紐約洋基隊的小老闆啦。」我這個學科成績平均積點只有一・八的廢柴，現在居然可以坐在球隊老闆的貴賓包廂裡，在一屋子的冠軍旗幟和退役球星的球衣包圍下，與許多傳奇球星的英靈一起觀賽。我到現在仍然夢想擁有一張一九五二年的米奇・曼托卡，以及其他多張球員卡，但這一切都比不上成為紐約洋基隊的小老闆更讓我開心。此事也提醒了我，天下無難事只怕有心人——儘管放膽做大夢吧。

想成為敢於冒險的天選之人，必須從大膽做夢起步。

＊＊＊

大多數人選擇一年做夢一次：在新年許下新願望，它明明給了我們一個改頭換面的新契機，那為什麼新年願望的失敗率竟然高達九成二？其次，失敗率明明這麼高，但為什麼每年仍有近半數美國成年人至少會許下一個新願望呢？我們之前曾提過，半數企業根本撐不過五年，在十年內陣亡的企業更高達七成，那為什麼人們還是一直在撰寫無效的事業計畫呢？

這是因為大家仍有夢想，且有訴諸感性的能力，但他們通常少了理性的系統基石。

我們已經知道，成功的事業計畫不能缺少感性，就像我曾在上一章提過，身為領導者的我經常會使用「夢想語言」。我會跟大家分享我四個孩子的故事，談論我與妻子的爭吵，一講到我父親我就熱淚盈眶。只要講起過去我有多麼窮困潦倒，說連我爸的醫療帳單都付不起，甚至欠下近五萬美元的卡債，我就覺得羞愧難當。

但我說這些不是為了賣慘討拍啦！

我只是想藉這些事情提醒我這一路走來付出的奮鬥，我在人生最低谷時曾經說過的話，是什麼事情讓我保持動力，以及我如何把討厭我的人當成助我奮發向上的燃料。我還知道如何把這些故事跟維持公司營運的系統連結起來，我主持的業務會議，不只會宣揚和傳遞夢想，還會提出根據數據分析所制定的有效策略。我們將感性的夢想基石結合理性的系統基石，就能採取明確的行動，來建構我們憧憬的未來。

本章內容摘要

我把系統視為造夢機器，你也可以把它視為英雄製造機。如果你的夢想是贏得世界健美冠軍*（Mr. Olympia），那你就必須打造一個系統，包括健身鍛煉、營養、補充劑、恢復與伸展，同樣重要的是這些系統的排序，以及不斷投入於強化及完善每個步驟。

建構造夢機器的七個步驟

一、至少有兩成的時間要使用夢想語言。
二、把夢想轉化為具體目標。
三、把你的目標具象化。
四、打造能夠實現夢想和目標的系統。
五、分析數據和趨勢以改善系統。
六、不斷完善現有系統，並伺機建立新系統。
七、永遠別忘了用夢想語言來激勵人心！

* 譯注：由國際健美總會舉辦的男子健美冠軍。

夢想會點燃烈火，讓你（或你的團隊）想要實現夢想，但如果缺乏系統來完成任務，你就無法訴諸感性來推動成功。再者，如果你每次為了實現夢想而採取行動時，都要再創建一個新的系統，那麼你會被效率低下害死，所以**創立可複製的有效系統非常重要**。

你將會在本章中學習如何用夢想語言激勵他人，我要求我的高階主管團隊，他們說的每一句話，至少要有兩成是夢想語言。因為如果你不能讓人們「看到」未來的方向，並激發他們內心的渴望，就無法要求他們努力實踐夢想。

如果夢想令你興奮不已，你就會拼命工作，想想你要什麼，這就是夢想。這份激情來自於想像當你實現目標時，你的生活會是什麼模樣。如果你的事業計畫很明確，你和你的團隊就會知道如何創立系統，並引導大家一起努力完成任務。

學習夢想語言：想像有朝一日……

由於大多數人是短視近利的，鮮少會做長期思考，故而不明白延遲滿足感的重要性；所以身為英明的領導者的你要懂得循循善誘，讓部屬明白其一年後、十年後及五十年後的生活會是什麼模樣，而且這完全取決於他們從今天開始付出的努力。你應發揮你的才華和熱情，以造夢者的身份向人們展示，當他們走上自律之路時，人生會變成什麼模樣，而你自己當然也要以身作則。

大多數人都是今朝有酒今朝醉，根本不想展望未來，所以不妨運用「想像一下，如果有朝一日……」的提示句，幫助你想像美好未來，我之所以能成為洋基隊小老闆，也是從夢想開始的。

現在就來填空吧，讓自己放膽作夢：「想像一下，如果有朝一日我……」

- 獲得諾貝爾獎。
- 透過首次公開發行募得十億美元資金。
- 發現某種癌症療法。
- 徹底改變中學教育。
- 樂在工作、不以為苦。

另一個簡單的夢想語言提示句：「真不敢相信……」

- 我能住進海景房。
- 我能送孩子上最好的私立學校。
- 我的銀行存款餘額又多了個零。
- 永遠不必再看菜單或旅遊網站上的價錢。

這裡還有一些其他的提示句，可以幫助你構思遠大的夢想：

一、我將會過上美好的生活，只要我……

二、我想讓自己和家人得到……

三、我最期待的是……

四、我的願望清單（bucket list）是……

我只能從旁協助你開始構思你的夢想，請記住，做夢是為了產生激情，所以你要試著運用各種提示句，直到你想出能讓你感到躍躍欲試的夢想。

目標是附有截止日和獎勵的夢想

我有個年收入三萬六千美元的業務員，他寫了一份極具挑戰性的事業計畫後，便開始不眠不休地努力培養工作技能，並建立了高效的系統。翌年事業便開始出現轉機，才一個月就賺到七萬兩千美元，可是當我問他打算如何慶祝時，他卻一臉茫然。

我問：「你有帶你太太去豪華酒店度個假嗎？至少要去高檔餐廳用餐吧？你有買套新西裝犒賞自己嗎？」

他居然沒做任何事慶功，第二個月的收入便立刻驟減至五千四百美元，這是因為上個月他沒有獎勵自己，他的潛意識會想：**我這麼辛苦所為何來？**把這些錢存在銀行裡，並不會產生任何激情，適當的獎勵會讓我們產生成就感，而這份成就感會深植在我們的潛意識裡，讓我們體認到努力工作的價值。

大多數人在賺大錢後很懂得犒賞自己，卻往往做過了頭，但偶爾又會出現完全相反的情況。你和家人都必須看到你努力工作的回報，否則幹嘛那麼拼？想持續努力的熱情恐怕會難以為繼。

試想成功後要如何慶祝，能讓你更有動力實現夢想。

夢想基石所產生的激情，來自於想像當你實現夢想時，你的生活會是什麼模樣。

在 capitalism（資本主義）這個英文單字裡出現了兩次的字母「i」究竟是指什麼東西？

我認為是激勵（incentive）。

如果你今年有了不錯的表現，你打算如何慶功？

你為成功付出了一定的代價，你必須給自己一些獎勵，你可以運用獎勵來強化你的夢想。當你在實現夢想之前就**預先**決定好獎勵時，你就是在幫自己做心理建設，讓它相信：**我願意付出代價，因為我會獲得獎賞**。這種安排將形成一個良性循環，你務必將之融入你的事業計畫中。

不過我們要先來談談目標，再回過頭來談獎勵。目標是我們在實現夢想的道路上所追求的具體結果，激勵我們動起來的是夢想，但是為我們指引方向、並讓我們全力打拼的則是目標。制定具體且可以衡量的目標，清楚設定達標期限與可獲得的獎勵，就能發揮作用幫助我們實現夢想。

有效的目標

- 具體
- 可以衡量
- 有達標日期
- 有獎勵
- 當我做到X時，我會給自己Y做為犒賞。
- 當我做到X時，我將用Y來款待我的朋友和家人。

築夢踏實就能成真

華特·迪士尼的使命是讓人們快樂，這讓他每天都迫不及待地開始工作，但光靠使命感並不能指導他的行動，他還必須說出夢想的具體內容：

- 我的夢想是擁有一座主題公園，它是地球上最快樂的地方。
- 我的夢想是創作讓人們快樂的電影。
- 我的夢想是擁有一座創造快樂和健康的「明日世界」主題公園。

一般人常把「夢想」和「目標」混用，但是請你注意，這裡列出的是華特・迪士尼的夢想，而非他的目標。目標必須是具體的，並附有達標日期。有時在不知道確切時間和方式的情況下夢想是有好處的，但有些時候你需要有明確的行動計畫和時間框架。

無論是夢想還是目標，都必須讓你產生激情，而且必須在雄心萬丈與切實可行之間取得平衡。到二〇二九年要擁有五十萬名有證照的保險代理人聽起來非常誇張，但是對我而言，低於此數的任何目標，不僅讓我無感，而且覺得太小家子氣。我非常認同理查・布蘭森的看法：「如果你的夢想連你自己都嚇不倒，那它們恐怕太不夠看了。」

饒舌歌手 Jay-Z 曾說：「我相信夢想說久了終會成為事實。」有些人認為這是不可能的，但也有人持完全相反的看法，認為光用嘴巴說說就能改變世界，他們認為只要不斷向神明祈求，或是不斷說些正面肯定語，就能獲得他們想要的結果。但我學到的經驗是，如果沒有信念以及系統的輔助，是很難實現夢想的。

就像俗話說的；「你可以相信上帝，但車子還是要鎖好。」你必須做好自己份內該做的事，當你說出遠大的夢想、並為實現你的目標付出努力時，你就會成為一名懷抱使命的強者，你的成功指日可待，你的夢想必能成真。

跟大家分享我個人使夢想成真的小撇步：抱持目標彷彿已經達成的心態活在當下。我在表達我的夢想時，都抱持著它們一定會實現的堅定信念。

而且我一次又一次地看到這種堅定的信念是會傳染的，如果連你自己都不是百分之百地相信，別人當然也不會。

如果你有幸與這樣的人共事：一心一意只想著要盡快實現夢想、別無雜念，你就會受到鼓舞，而這會產生連鎖反應，讓其他人被你鼓舞。這就是我們會迷戀有遠見的人的原因，如果你所做的一切都是為了實現你的使命和夢想，就能吸引其他人追隨你。

把你的夢想和目標具象化

現在就來思考如何把你的夢想具象化，讓它們每天都出現在你眼前。你可以製作一個願景板*（vision board），以便把你的使命融入你的夢想中。我會在願景板上呈現我想要的生活與事物，還有我想稱霸的市場（我不爽當老二，此乃天性使然！）。我還會放上那些創造歷史的人，因為他們令我感動，我也想成為這樣的人。

你要如何做出隨時提醒自己逐夢的視覺提示？因為我在當兵時曾是負責修理悍馬車的技師，所以我的夢想是有朝一日能買一輛黃色的悍馬車，我定下了在十二個月內將存款增加到一百萬美元的目標，我必須達到這個目標，才能買下那輛夢寐以求的黃色悍馬車。

我的第一步是什麼？我在二十多個地方貼上一張黃色悍馬車的照片，我甚至看不到自己車上的時速表，因為那裡也貼了一張！我的手機、車子的後視鏡，甚至是我的錢包裡，都有一輛黃色的悍馬。

我把所有能想到的地方，全都貼了視覺提示，好把這輛黃色悍馬車，深深烙印在我的意識和潛意識中，結果你猜怎麼著？一年後我就達標並買下了那輛黃色悍馬車，請你一定要讓你的夢想不斷出現在你眼前。

我鼓勵你發揮創意，你可以找個擅長 Photoshop 的朋友來幫忙，自己動手則更棒！打個比方，你的夢想是讓爸媽退休享清福，那就在你的手機或電腦上，貼一張他們開懷大笑的照片，地點就在你要買給他們住的那間房子裡。

猶太人有個傳統，是在門框上放一個經文盒（mezuzah），裡面是一張羊皮紙，上面寫著《申命記》（*Deuteronomy*）中的一段話：「又要寫在房屋的門框上，並且城門上，使你們和你們子孫的日子在耶和華向你們列祖起誓、應許給他們的地上得以增多，如天覆地的日子那樣多。」

把經文盒貼在門框上之後，猶太人每次進門都會看到這個關於夢想的視覺提示。你打算用什麼符號或視覺效果，讓你的夢想時刻出現在你眼前？

＊ ＊ ＊

* 譯注：把喜歡的圖片或金句貼在一個板子上，並擺放在你經常會看到的地方。

你也要提防執行不順利的風險，別在辦公室裡張貼一堆毫無意義的激勵海報，掛一堆跟你的目標無關的八股口號也是沒用的。自己製作符合你夢想的視覺提示，並依此建立傳統，才是更好的做法。

在聖母大學的球員更衣室和美式足球場之間的通道上有一塊牌子，上面寫著：「今天要像冠軍一樣上場比賽。」球員們在前往球場的途中必會經過這個標誌，它是一個很棒的視覺提示，提醒他們要秉承學校的傳統，在每場比賽都全力以赴。

在價值娛樂的會議室裡，我們特別請一位藝術家畫了一幅圖，並搭配知名作家兼劇作家威廉・戈德曼（William Goldman）的名言：「電影圈裡其實沒有人知道什麼樣的作品會賣座，每次都是靠猜的，要是你運氣好，就能做出有憑有據的猜測。」

我們想藉這幅作品表達我們的夢想：成為一家鼓勵創意和冒險的公司，所以我們才要把「每個創意作品都需承擔風險」的理念，張貼在會議室的牆上，從而讓它銘刻在我們的潛意識裡。

以下是適合擺放視覺提示的地方：

- 浴室的鏡子。
- 把照片放在皮夾裡。
- 把願景板掛在重要場所。
- 手機和電腦的螢幕保護程式。
- 你為自家或辦公室創作的藝術作品。

系統能讓夢想成真

現在我們要開始討論系統基石了，它的功能是讓你實現目標，假設你的目標是在某天以前讓你的銀行存款餘額多一個零，無論你的目標是從一萬美元增加到十萬美元，從一百萬美元增加到一千萬美元，還是從一億美元增加到十億美元，使用的系統都是一樣的。假設你想在三年內讓存款從一萬美元增至十萬美元，就意味著你必須每月投入兩千五百美元。

最棒的存錢系統，是**把要存的錢先扣下來存進銀行裡**，但大多數人卻是等到月底把花剩下的錢存起來，這樣的存錢系統很糟糕。當你把要存的錢先扣下來，你立刻就達到目標，而且就像你必須按月支付房租、汽車保險費和手機帳單一樣，儲蓄也成了一筆固定要付的費用。

假設你是薪水不多的職場菜鳥，每月只能存一千五百美元，要達到每個月存兩千五百美元的目標，你要麼每年多賺一萬兩千美元，要麼少花一萬兩千美元。如果你選擇當酒保或 Uber 司機賺外快，每個週末可以多賺五百美元，那一個月兼差兩次就行了。如果你想換個方法開源，決定在工作上加把勁來要求老闆加薪，結果每個月能多賺七百美元，然後你決定少上酒吧幾次，這樣一個月可省下三百美元。這時你就可以開始先扣下要存起來的兩千五百美元，只要一兩次遇上月底缺錢，你就會注意自己的開銷，況且吃幾天陽春麵應該也不會讓你感到困擾，因為你知道這是你的造夢系統。而且你會很驚訝地發現到，當你為了某個特定的目標努力時，你的想法竟然會跟著改變。

這套系統還可以套用到你的所有目標，例如你想買一間一百萬美元的房子。根據公認的經驗法則，房價不應超過年薪的兩倍半（編按：顯然作者指的是美國的一般狀況，而非台灣房市），而且為了避免支付私人房貸保險（並提高你競標買房的勝算），你打算準備房價兩成的頭期款。所以你制定了一個儲蓄二十萬美元、年收入四十萬美元的計畫。

買房的夢想只是個開端，下一步則是制定一個附有達標期限的具體目標。為了實現夢想，你必須備妥各個相關系統，並且貫徹始終。

為每件事開發系統

之前我提過賈伯斯的招牌打扮是黑色高領毛衣搭牛仔褲和運動鞋，這是他不想浪費時間思考衣著搭配而開發出來的**系統**。你也有自己的日常生活系統，包括刷牙、洗臉、睡覺，全都不需要動腦筋思考。我最近教我大兒子噴古龍水的方法：先噴一點古龍水在左手腕上，然後兩隻手腕互揉，最後把手腕上的古龍水抹在脖子上即可，這套手法很快就會變成他的自動化系統。

我剛開始做業務時，尚未建立任何系統，我不知道如何安排一週的工作、如何管理時間、如何跟進潛在客戶。我每天待在辦公室裡工作長達十二小時，但實際的工作績效可能只有三、四個小時。由於不善規畫，我每天有一半的時間都在做白工。

系統與科技息息相關，像智慧型手機上的行事曆就是個好幫手，你可以運用內容管理系統（CMS），把你後續該做的跟進工作系統化，透過 HubSpot 或 Mailchimp 之類的內容管理系統，自動發送特定的電子郵件，即可輕鬆完成跟進客戶的工作。但這並不意味著 CMS 可以替你**思考**——不過擁戴 AI 的鐵粉看法不同——你必須自行設計系統以滿足你的需求。

系統讓你得以善用科技，適當分派工作，妥善完成任務。或許你可以設計這樣的系統：每次與人會面後，你的助理就會把一張已經填好地址的謝卡放在你的辦公桌上，當你外出歸來後，完全不必費心吩咐，那張卡片就寫好了。

隨著團隊的壯大，你可能需要一套新的系統。曾有好幾年，我一年要寄出三萬五千多張謝卡，要是每張都親自手寫，我的手恐怕早就廢了。所以我決定採用 SendOutCards 的系統，它讓我得以向對方表達我由衷的謝意。

我相信有一些人對系統很頭痛，尤其是那些擁有願景和大局觀的人。在我自行創業之前，系統就是我的劣勢之一，等我成為執行長後，很快就發現這個漏洞不補不行。要是每次演講、招募新員工、主持會議或進行年度檢討，我都要從頭重新來過，那就太沒效率了。

我是被我的夢想驅動的，它們讓我每天從床上一躍而起，準備上戰場衝鋒陷陣。但如果沒有系統的輔助，我會淪為沒有效率的無頭蒼蠅，糟糕的系統還會拖累我的表現。正如我之前提過的，當電影《魔球》在二〇一一年上映時，我已經經營公司兩年了，缺乏系統正成為我的負擔。因為我從小就非常喜歡研究棒球的統計數字，這部電影給了我一個新的視角。

很多人誤以為大多數事情靠本能或臨場反應就能處理，《魔球》形容他們是與時代脫節的恐龍。**那些拒絕接受數據分析的棒球球探，終將被那些依賴數據的球探（例如片中的保羅・德波德斯塔〔Paul DePodesta〕）所取代。**[46]這群沒耐心、自大且短視的恐龍們，懶得設計系統與分析數據，並說服自己世上不可能有會分析球員戰力的系統。

商場上也有很多恐龍，他們認為你不可能設計出會面試應徵者、能培養領導者或併購企業的系統，他們還認為自己沒必要懂ＡＩ，ＡＩ留給技術人員去搞就好了。但他們總有一天會悔不當初的，要是你從不思考或做出調整，這種心態會扼殺你的效率，並阻礙你擴大規模。

利用系統把行為自動化

我們已經討論過每季都分析數據並更新策略的重要性，它必須放在你的商業規畫圖中。

很多事情都是以三個月為週期，在春季來個大掃除對你的公私兩方面都有幫助，你可以去做一次汽車美容，當成是你把車庫整理乾淨的獎勵。至於你們公司的大掃除，則要讓整個團隊都參與，等辦公室整理好後，不妨請一位藝術家在你們的辦公室內牆或外牆上畫一幅壁畫。

說到建構行事曆系統，捷菲潤滑油公司（Jiffy Lube）曾設計出最有創意的行銷活動，成功說服客戶每三千英里就換一次機油。我在部隊時是負責維修悍馬車的技師，老實說，大多數汽車其實每行駛七千五百至一萬英里再換一次機油即可。但捷菲潤滑油的策略之所以如此有效，是因為他們有一套很厲害的系統和視覺提示：每次更換機油後，他們就會在你的擋風玻璃上貼一張標籤，上面有下次換油的里程表讀數，你不可能看不到。這個簡單的做法一口氣省下這些麻煩：維護一個數據庫、寄明信片或發送電子郵件、優惠券。

如何為自己和客戶建立系統？如何像捷菲潤滑油一樣、讓客人自動送上門？如何讓自己不假思索地採取一致的行動？你能把哪些事情自動化？

根據趨勢和數據分析來建立系統

現代管理學的創始人彼得・杜拉克（Peter Drucker）曾說過：「如果你無法衡量某物，你就無法改變它。」以及「你無法管理那些無法被衡量的事物。」

當你認真收集數據來追蹤系統的可行性，就能讓你的系統變得更好，當你的系統變得更好，就更容易實現你的夢想。

你需要數據來回答以下問題：你注意到哪些趨勢？收入、產量是否出現高峰或低谷？分析了數據之後，你將如何因應這些趨勢？在第二章回顧前一年的情況時，你應該已經做了一些這方面的工作。下一步是建立系統來收集和分析數據，然後根據分析結果來制定策略。這部分是工程師和會計師最愛的工作，有遠見的智者當然也明白其重要性，敢於冒險的天選之人更是清楚只有高效的系統才能實現其夢想。

大多數行業都有一定程度的淡旺季之分，像零售業會在開學前推出特賣活動，電商則有週一特惠。但老是靠特賣會衝業績有可能養成懶惰思維，他們不去建立系統來因應趨勢，只是「認命」地接受某些月份就是賣不動的事實。大家都說餐廳的生意在週一和週二最清淡，你就接受這樣的說法了嗎？你要不要試試看在週一打烊，一則可以降低人事成本，二則可以讓大夥兒休息一下，然後在週二推出墨西哥塔可餅（taco）半價來招攬客人。你有發現到「週二塔可日」（Taco Tuesday）已經變成一個提醒人們週二要吃墨西哥塔可餅的系統了嗎？你要如何創造一個類似的系統，能提醒消費者自動上門，從而提升你們的業績？

滑雪勝地多半都有冬季忙翻、夏季門可羅雀的問題，但我相信某個有志人士，可能懷抱著這樣的夢想：推出精心設計的有趣假期，讓度假村全年的平均入住率達到八成五。有了這個大框架後，接下來就要分析數據：哪幾個月的入住率最低？競爭對手在這些月份的表現如何？他們推出哪些新穎有趣的活動來攬客？

我知道你可能會覺得，這聽起來很像是個行銷問題，但是請你稍安勿躁，待會你們就會明白這是系統問題，因為重點在於你必須有個系統來收集與分析數據，然後根據分析的結果制定策略。可惜大多數人都是等到問題出現，然後頭痛醫頭、腳痛醫腳：「本週幾乎無人訂房，我們趕快上 IG 打廣告，並到 Expedia 上推出降價方案。」這樣的做法不是系統，而是沒做計畫時的臨時應變措施。

如果你正為了沒有好的數據可供參考而煩惱，請別擔心，我也曾有好多年因為沒有正確的數據所以無法制定有效的系統，畢竟巧婦難為無米之炊，沒有正確數據，真的很難寫下有效的行動計畫。

所以在撰寫新的事業計畫時，第一件事就是要能更好地追蹤數據，如果一年後你仍未做出一個能收集、分析和利用數據的系統，就會少賺很多錢。

你必須衡量的數字：

● 每個月的記錄
● 每一季的記錄
● 明年的目標
● 營收、淨利
● 新增訂戶、客戶

你需要有數據來回答以下問題：

一、你要測量哪些事物？如何測量？
二、你明年的數據分析策略是什麼？
三、你發現了哪些趨勢？
四、你如何制定獎勵措施來因應營收／產量的飆升／驟降？
五、為什麼明年會不一樣？

當我的保險代理公司開始收集數據後，我不但改變了員工的薪酬計畫，還推出新的行銷活動。我一口氣投資數百萬美元，訂製一套名為「奔步」（Bamboo）的專屬軟體，因為它能給我們公司帶來優勢。數據改變了我的管理方式，從而改變了我們的系統，幫我們打造了一台很厲害的造夢機。

當你看到一個問題或一個商機時，我希望你的思維能從「我們需要一個**解決方案**」轉變為「我們需要一套**系統**」。因為解決方案是一次性的，你必須不斷從頭來過，而且只能被動因應，系統則是一種可以複製的永續活動。

系統能夠把時間變成金錢

系統的主要功能之一，就是讓合適的人幫我管理管案，使我能發揮最高的效率。我曾在部隊裡當過修車工，所以完全不怕幹體力活，像擦皮鞋和熨燙衣服的工作我都很喜歡。但後來我發現我的時間很值錢，不得不把一些低產值的工作交給別人做，我逐漸會思考：「哪件事我應該請別人代勞？」

想知道你每小時能創造多大的價值嗎？計算公式如下：如果下週你能額外找到十小時，你能用這些多出來的時間賺多少錢？

如果你每小時的價值是五十美元，就請列出一份代價低於每小時五十美元的雜事清單，如果雇人擦鞋只需十美元，或乾洗一週的衣物只需三十美元，那就把這些工作交給別人做吧。

這些雜務以前都是我自己做的，現在卻要花錢請別人做，這樣好嗎？不過試了一個月我就發現，這些時間對我來說有多珍貴。所以隨著我的時薪愈來愈高，請人代勞的事務也愈來愈多，我的助理也從一人變成兩人。現在我滿腦子想的都是如何把時間「弄回來」，以提高我的工作效率，所以我總是在找能幹的專案經理。

專案經理要負責的事務很多，並不僅限於管理開發新技術的專案，還包括管理個人活動、生日聚會，甚至是健康。

看醫生真的挺花時間，且對生產力影響頗大，所以我和我們公司的高階主管都是在梅約（Mayo）診所、加州大學洛杉磯分校的醫療中心，或是克利夫蘭（Cleveland Clinic）診所做健檢，因為我們可以從早上六點到下午五點間，在一天之內看完九個醫生，而不必花上六週的時間、在九個不同的地方約診，同時也免去了舟車勞頓。

這樣的安排划算嗎？算算開車的時間、汽油費、到九個地方看診的時間（名醫多半不會準時幫你看診），我寧願花三千至五千美元在同一天做完所有檢查。當我第一次得知這個消息時，我還負擔不起這麼高額的健檢費，但三十歲時，我終於有能力到加州大學洛杉磯分校的醫療中心做高級健檢了，而且一試成主顧。

這一切可以歸結為一個簡單的公式：**時間就是金錢，有效的系統能幫你省下時間，而省下的時間可以用來賺錢**，所以你的事業計畫，一定要持續找到能讓你騰出時間的系統。

重拾赤子之心

我把本章最重要的重點留到最後：什麼東西能讓你重拾赤子之心？什麼東西能讓你變回耶誕節早上那個快樂無比的孩子？怎樣才能讓你每天都擁有這種感覺？

當我看到一個故步自封的組織，人們工作敷衍了事且業績停滯不前，我立刻就能揪出罪魁禍首：領導者喪失了夢想。如果連領導者都沒有夢想，其他人當然會上行下效，如果一個組織沒有使命感，它就會成為一個沉悶的地方，人們每天都害怕來上班。

反觀世界上那些最偉大的組織，它們的夢想機器一直在運轉，領導者知道如何打動人心，他們不斷用夢想的語言使人們產生共鳴。這些領導人的想像力如孩童般天馬行空，鑄造夢想其實是有一套系統的：領導者預先想好獎勵，然後把夢想具體化，並設定達標期限，同時要找到聰明的方法衡量成敗。

夢想與系統是感性與理性的完美結合，而且可以不斷複製你們的成功經驗。

本章的兩大基石

夢想基石

行動方針：

一、什麼樣的夢想能令你熱血沸騰？你將用什麼樣的具體詞語，讓大家感覺到這個夢想雖然極其遠大卻是可以實現的？

二、用堅信夢想必定成真的方式說出你的夢想，並以這樣的心態活在當下。

三、把夢想轉化為可以衡量、而且有達標期限的具體目標，並明定實現目標後可獲得的獎勵。

四、留意你的說話方式，當你在對團隊說話，或甚至是對你自己說話時，至少有兩成的時間是在宣揚夢想。

五、列出五到七個以「想像一下，如果有朝一日……」開頭的語句或擬定一份願望清單，以深入挖掘並找到你真正的夢想。

系統基石

行動方針：

一、為每個季度建立系統。每次換季時，就從你個人和公司的行事曆中，各挑出兩項能幫助你實現夢想的行動。

二、建立系統來收集和分析數據，並據以擬定策略。

三、如何在你的公私生活實現自動化？哪些系統能讓你買回時間，進而提高你的效率？

四、想辦法買回時間，算出你的時薪價值多少，然後把所有低於此金額的事務交由別人代勞。

第八課／

文化與團隊基石

文化以策略為早餐。

——彼得．杜拉克，管理大師

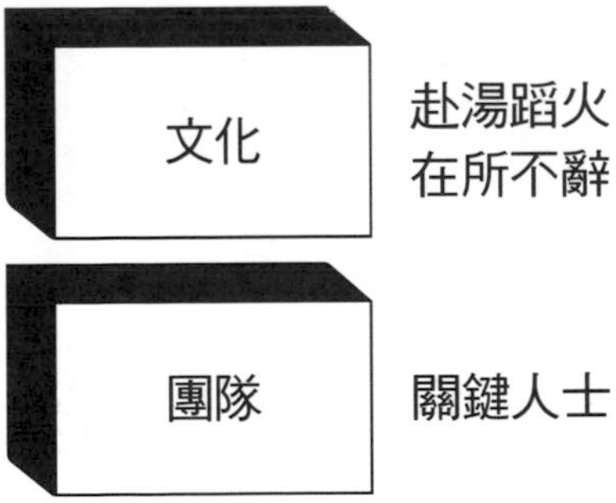

想像一下你正觀看一場美國大學的美式足球比賽，在比賽結束前的最後幾秒鐘，原本落後的那一隊竟然以一記「超級長傳」（Hail Mary pass）逆轉勝了。這種弱隊打敗強隊的比賽實在太令人熱血沸騰了，所以當比賽結束的哨聲響起後，大批球迷衝到場上慶祝並拆走門柱。

他們為什麼這麼做？

因為這種情景他們看過數十次了，這是人們在比賽後慶祝的方式，也是大學美式足球**文化**的一部分。

雖然我們以為文化是無形的，但它其實比我們想像的更為具體。文化和宗教一樣，都是儀式和傳統，是我們的行為方式。如果你公司裡的每個人都西裝革履、安靜地坐著辦公，你就不能**宣稱**你們的文化是有趣的；當員工真的冒了險卻被你開除或懲處，你就不能**宣稱**你們的文化鼓勵冒險犯難；當員工提出建設性的批評，你卻叫他們多做事少說話，你就不能**宣稱**你們的文化崇尚極度透明。

文化是行動的總和。在二〇二二年的卡達（Qatar）世界盃足球賽中，日本隊大爆冷門以二比一擊敗德國隊，日本球迷做何反應？由於整潔乃是日本文化中相當重要的一環，所以日本球迷在其國家隊意外擊敗強敵後，並不會像美國球迷那樣衝進球場狂歡，而是拿著垃圾袋，安靜地把整個場地整理乾淨。這種場地使用完後必須打掃乾淨的觀念，早已根深蒂固在日本文化中，所以日本球迷才會自動自發地整理球場。

日本隊的後衛吉田麻也（Maya Yoshida）表示：「日本有句諺語：〔我們必須讓事物變得比我們到來之前更乾淨……這是球迷應有的美德之一，所以他們才會這麼做。」

你可能會對接下來發生的事情大吃一驚，但我一點也不意外：其他國家的球迷開始見賢思齊，跟著日本球迷一起打掃球場。在日本隊與塞內加爾隊（Senegal）踢成平手之後，兩隊的球迷竟然都拿著垃圾袋整理球場，很多人覺得不可思議，但我個人卻「見怪不怪」，因為我早就認為**文化是會傳染的**。這得歸功於一致性與認可：當人們一再做某些事情時，它們就會變成行為準則。當一個組織裡的人因為冒險，或是做了一些有趣的事情（比如惡作劇）而受到表揚時，其他人便獲得允許做相同的事，因為該組織的文化獎勵這些行為，它們便獲得強化。

同理，負面行為和不良文化也是會傳染的，愛抱怨的人喜歡抱團取暖，所以身為老闆的你必須密切關注組織裡的所有人。理想的情況是：公司裡的大部分員工都是你的忠實信徒，且認同你想要建立的正向文化，所以大夥願意建立這樣的文化，並一起努力把它傳揚出去。

本章內容摘要

你在制定明年度的計畫時，第一個要考慮的就是你想建立什麼樣的文化。這是一項思考練習，所以最好能召集公司裡所有的領導人一起討論，然後你們要**規畫**一些儀式和傳統，以便孕育出你想要的那種文化。你們公司的使命與文化息息相關，文化就是活生生的使命。

你將在本章中學會如何讓別人為你赴湯蹈火，還將學會如何選擇你的團隊：所有與你共事的人，從你的核心圈子到高階主管，再到一般員工和供應商。等你建立了自己的團隊後，我會進一步分享用人的訣竅，教你如何挑選對的人進入你的核心圈子，並幫助你實現願景。

選擇適合自己個性的文化，你就能在未來樂在工作並獲得驚人的成功。

文化能定義你這個人

文化能讓人們願意為你和你的組織赴湯蹈火，文化是對願景的堅信不移，讓人們在無人監督的情況下照樣全力以赴，文化也是對某種主張的高度支持。現在我們來玩一個遊戲，請你按照你的認知，把左邊的組織，與右邊相應的詞語配成對。*

你現在應該已經明白選對適合的文化非常重要，接下來就用以下問題，來創立你的文化：

- 什麼能定義你們公司的文化？
- 你正在採取哪些積極措施以打造這樣的文化？
- 你如何向客戶推銷你的文化？
- 你如何向員工及合作夥伴推銷你的

橋水基金	價值
Zappos 網路鞋店	可靠
洋基隊	結果
軍隊	創新
好市多	極度透明
高盛	榮譽
勞合社（Lloyd's of London，位於倫敦的國際保險市場）	獲勝
蘋果	享樂

文化？

世達律師事務所（Skadden）在全球設有二十一個辦事處，是世界頂級律師事務所之一。形容其文化的詞語包括：「夙夜匪懈」、「可靠」和「信譽良好」。他們的辦公室裝潢也恰如其份，好看但不會**過份**好看，因為他們訴求的是客戶的信賴感和安全感，絕不能讓客戶覺得自己被當成冤大頭，替他們的奢華裝潢買單。他們當然也會帶客戶去高檔餐廳用餐，但他們不會點一瓶要價數千美元的昂貴葡萄酒，因為聰明的客戶都知道羊毛出在羊身上，所以世達律師事務所絕不會展現出奢侈浪費的文化。

文化無所不在，辦公室裝潢也是其中之一。像我的金融服務公司在搬到現址之前，從來不會在我們的總部接待外賓，來這裡的都是我們的團隊成員。所以我們在辦公室裡設置了乒乓球桌、籃球架和設備先進的健身房，因為我們想要打造充滿活力的文化。像我個人就經常提早來這裡運動，其他人也會這樣做。許多人養成了下午五點半健身的習慣，晚餐多半叫外賣，飯後再工作數小時，我們的企業文化支持這種做法。

我很喜歡「你想成為誰」這個問題，因為它能幫你找到並創立你自己的文化。如果你經營的是一人公司，你想成為誰就與他人無關，你的文化會展現在你開的車、你穿的衣服、你聽的音

＊解答：橋水基金＝極度透明；Zappos＝享樂；洋基隊＝獲勝；軍隊＝榮譽；好市多＝價值；高盛＝結果；倫敦勞合社＝可靠；蘋果公司＝創新

樂、你讀的書、你的名片、你的辦公室，以及你在哪裡招待客戶。

但如果你的公司不只你一人，那你就該問：「你想經營一家什麼樣的企業？」當你回答了這個問題後，你就知道你們公司該有什麼樣的傳統和儀式。

上行下效

創造獨樹一格的文化是一件非常有趣的事，所以文化堪稱是個雙贏基石。當我們在公司裡設置了健身房和籃球架後，我就更愛去辦公室了。而且我不僅會在活動中播放音樂，我也會在辦公室裡播放音樂；我很愛惡作劇，但也經常被整。為了彰顯我們公司愛歡笑且愛熱鬧的文化，我經常盛裝打扮參加各種活動，次數多到我都記不清了。

文化是**做**出來的，是重複做的儀式和傳統造就出文化，且需由領導者和執行長帶頭以身作則，文化才能真正扎根。如果公司的文化是重視學習，就該邀請學者專家來公司演講，而且公司還應該提供由外燴業者準備的免費午餐。像這樣的「午餐學習會」，不僅能幫助員工培養技能，而且還能提振士氣和團隊默契。想要宣稱擁有崇尚學習的文化，那每個月起碼要讀一本書吧。

想要建立敢於冒險的文化，就要為敢冒險的人喝彩，即使他沒成功也無妨。你能想像在會議上**表揚**讓公司損失了五十萬美元的業務員嗎？如果你想建立敢於冒險的文化，就得這麼做。**你要表揚他們的遠見、過程以及敢於冒險的勇氣，任何風險投資都有失敗的可能，你要跟大家說明這**

一點，並鼓勵團隊裡的其他成員仿效他們。

至於要求極度透明的文化，就像我為PHP建立的（有一部分是從瑞・達利歐的橋水基金那裡學來的），當人們提供回饋時，即使帶有批評，你也要**表示感謝**。要是你能公開表揚他們的做法就更棒了，你要讚揚他們勇敢指出領導者的盲點，這樣組織裡的每個人都知道，領導者不僅歡迎批評，而且會利用回饋來讓自己變得更好。如果人們看到你和組織中的其他領導者，不僅有雅量接受批評，**還感謝**批評，那麼這種行為就會被重複，而極度透明的文化也才會傳揚開來。

你的文化就是你的寫照，我不打高爾夫球、也不喝酒，所以不會在果嶺上跟同事聊公事，在活動中也很少喝酒。但從來沒有人說我很混，因為就連週六我也是一早就進辦公室，因為我真的很熱愛我的工作，所以我的工作時間很瘋狂。但這也意味著我的核心圈子隨時都能找到我，就連團隊裡的其他成員，大多數時候也能找到我。當人們知道他們可以隨時聯繫到你時，就會產生安全感和信賴感，此舉也為公司的職業道德樹立了一道標竿。人類有模仿別人行為的傾向，如果連老闆都會在星期天晚上十點接聽電話，那他們最好也能如此投入。不過話又說回來，由我所創辦的公司就是這麼操，而且競爭激烈，所以很難做到工作與生活的平衡，我是刻意讓我的公司反映出我這個人的真面目。

綜合以上各種情況，我創造了一種重視安全、樂趣、高標準、競爭與努力工作的文化。這樣的文化忠實呈現出我這個人的真面目，包括好的與壞的一面都不多加掩飾，你的公司也應表裡如一，否則你就是在演戲。說到底，**文化是人們在無人注視的情況下所做的事情，所以做表面功夫**

是無意義的。

領導者的身教更甚於言教

就像父母的**身教重於言教**，文化也是如此，企業主的每個行為都會影響到你們的文化。文化會影響心態，所以我給小費特大方，以表達我很重視待客之道、照顧他人，且擁有富足的心態。之前我曾提過的魯道夫．瓦加斯，原本在西爾斯（Sears）百貨公司擔任保全，當時的經濟十分拮据，但在加入我們公司後，七年內就變成年薪破百萬的富豪，他說是我「豪擲小費」的作風改變了他：「看到你付了四成的小費，令我大開眼界，且讓我意識到自己在各方面都很小氣：我不雇用助理、不花錢栽培自己、只穿地攤貨。我經常出差，卻捨不得花一百美元做「預先安檢」（TSA PreCheck），結果在機場排隊浪費了大把時間。」

我很清楚魯道夫擁有成為金牌業務員的天賦和職業道德，所以我會經常嘮叨他的匱乏心態。但言語的力量有限，他花了很多年才被我們的文化改變心態，進而改變了他的作風。

請你想想你們公司，你覺得他們對你很吝嗇嗎？他們是否偷工減料？他們會大力宣揚自家的文化嗎？請深入了解他們所做的每一件事，以及文化是如何影響心態。公司辦的活動什麼時候結束？公司有準備正式的晚宴還是讓大家自理？晚餐後大家會去哪裡續攤？酒吧或夜總會，還是「紳士俱樂部」*？

我們公司舉辦的異地活動，通常會工作到七點半，然後在八點到十點之間享用一頓豐盛的晚餐，讓大家聊個痛快。我一定會選擇一家高檔餐廳宴請大家，這就是一種照顧員工並獎勵他們辛勤工作的文化。晚餐時會有人點酒，但頂多一、兩杯，因為我本人不愛喝酒，所以沒有人會猛灌黃湯或喝到醉醺醺。

工作或活動結束後的續攤地點很重要，因為公司的大咖們會在這裡聊些真心話，續攤地點通常也會反應出公司的文化。像金融或娛樂業，其員工多半是崇尚「工作盡力、玩樂盡興」（work hard and play hard）的二十多歲年輕人（請參考電影《華爾街之狼》〔*Wolf of Wall Street*〕），帶他們到夜店玩可能最為投其所好。想趁著公司辦活動時喝個痛快的員工大有人在，但世達律師事務所的員工可能要失望了，因為點昂貴的酒來喝會損及律所的聲譽，這就是他們文化的一種體現。反之，盡享奢華事物花錢不手軟則被視為對沖基金的誘人文化之一。

在我的公司裡有好多對夫妻檔高階主管，他們看重的是**安全感**、**事業發展與建立人脈**。他們加入公司是為了改善生活，成為最好的自己，為此他們必須不斷拓展知識和人脈。所以晚餐結束後我們通常會到我的套房，或是在酒店的泳池畔聊天，因為公司的高層領導全都在那裡，所以誰都不想錯過對話的機會。我們會聊個盡興，因為我不喝酒，所以其他人也不喝酒，但有些人會抽雪茄，我們經常聊到凌晨三點才散會。

＊ 譯注：脫衣舞秀場的委婉代稱。

想像一下，如果你是組織裡某個人的配偶，參加這類活動你會怕嗎？如果你無法參加，你會放心讓你的配偶出席嗎？你會推薦你的姐夫到這家公司工作嗎？然後再跟那些到賭城拉斯維加斯（Las Vegas）和紐奧良（New Orleans）等地舉辦異地活動的公司來個超級比一比。

坦誠面對你自己的身份認同和品牌，並想想這對你的文化有何影響，這樣你就能成為一個有趣且真心誠意待人的人，並吸引到與你志同道合的人才。

打造一家讓人想加入的公司

人們極度渴望信賴感，也很想成為某個組織裡的一份子。許多人不僅需要雇主提供醫療保險，同時還仰賴其領導或公司，滿足他們的情感和心理需求，包括歸屬感、社群感和自尊心。

若你有機會與任何一個曾念過哈佛商學院的人聊天，他們可能會跟你分享一個不為人知的小祕密：當他們想要贏得某人的尊重時，他們會伺機投下所謂的「H炸彈」——故做不經意似地提到自己上過哈佛商學院，這幫人明明是世界上最優秀、最聰明的領導者，卻還會想要靠一些「身外之物」來證明自己，這想必就是所謂的蹭名人以自抬身價吧。如果你是個默默無聞的電影工作者，跟別人說你在名導馬丁・史柯西斯（Martin Scorsese）或克里斯多夫・諾蘭或昆汀・塔倫提諾（Quentin Tarantino）底下工作，應該能幫你加分不少。

這也是球迷對心儀球隊那麼死忠的原因，而且據估計，光是北美這個市場的運動服飾業營收，在二〇二五年可望達到一千三百億美元。[47]我們這些平凡人一輩子都不可能成為職業運動員，但只要穿上他們的球衣，或是在臉上塗了代表該隊的顏色，就會感覺與有榮焉。當你在華爾街時，若告訴人們你在高盛或小摩（JPMorgan）工作，他們就會對你刮目相看。

不管你的公司規模有多大，你都不希望你只是一間平凡無奇的公司，你絕不想跟普通二字扯上關係，你想打造的是人人都想擠進來的優質企業。蘋果和谷歌這些全球知名企業的故事家喻戶曉，而你也可以成為你們那一行裡的翹楚。在現今的世界裡，有才能的人會選擇他們嚮往的公司，所以企業主必須創造能吸引人才的文化。

特斯拉和 SpaceX 皆以創新的文化聞名，他們致力於改變世界、保護環境以及探索太空中的新領域。為馬斯克工作還能獲得光環效應（halo effect），當馬斯克在二〇二二年底接管推特後，立即嘗試改變該公司的文化，他制定了新的規定，要求員工必須「夠硬」（hardcore），且能夠「長時間高強度工作」。我非常尊敬馬斯克，我相信這可能只是他改革推特的第一彈，因為他至少會推出十五項改革措施，以重新打造推特的文化。

說到推特的創辦人傑克．多西（Jack Dorsey），無論你喜不喜歡他，他都為推特做了兩件事，其一，他讓公司裡的人覺得自己是一項社會運動的一份子，他曾說：「推特支持言論自由，推特支持向當權者說真話。」[48]可能有人會說，多西自己並沒有做到這一點，但我們可以把這個問題留到我的播客節目中討論。其二，多西大力支持工作與生活的平衡，並允許大部分員工在家工作，這一點是受到新冠疫情以及新任執行長帕拉格．阿格拉瓦（Parag Agrawal）的影響，而馬斯克也延續此一文化。

如果你相信你在主流媒體上讀到的一切（我是不相信啦），就會認為馬斯克將有一番新作為。馬斯克和員工各自表達了他們對此一文化的感受：有一千兩百名員工辭職，而馬斯克則解雇了半數員工，當彼此的文化合不來時，就會產生很多衝突。

當你造成這樣的文化衝擊時，並不是每個人都會支持你的領導方式，你要麼花數年時間讓每個人都接受你的領導方式，要麼留住那些願意與你並肩作戰的人，並招募想與你共創新局的人。對馬斯克來說，他想鎖定那些認同其理念的人：提供一個虛擬的城市廣場供人們進行辯論和討論，並透過保護言論自由來改變世界。

《富比士》網站上有篇文章，[49]一面倒地讚揚在家工作好處多多，文章引用了傑克．多西發給員工的電子郵件，信中宣稱他們可以永遠在家工作。儘管主流媒體大力宣傳在家工作的好處，但我們這些在第一線作戰的企業主們都明白一個現實，那就是讓員工在家工作的企業無法建立文化。雖然媒體試圖把馬斯克描繪成逼員工回辦公室工作的慣老闆，但我認識的大多數領導者都認同他的觀點。我指的不是一人公司，或是像軟體工程師這種可以在家獨立作業的自由接案者，我指的是那種能讓員工相濡以沫、一起成長的公司。

無論你們這一行是否適合在家工作，也無論你們公司採取什麼樣的政策，身為雇主的你都必須照顧員工。我的經驗告訴我，如果你想激勵員工積極工作，最好能讓他們感受到以下五點：

一、他們是公司的一份子。
二、他們是受到照顧和支持的。
三、他們的工作是很有意義的。
四、他們樂在工作且歡慶成功。
五、他們的貢獻獲得認可，而且感覺自己被需要。

你在規畫你們公司的文化時，不妨參考我的一些做法，並研究其他公司的做法。行銷科技公司 Insider 列出了二〇二〇年擁有最佳文化的二十五家大企業，[50]其中名列前茅者包括 RingCentral、Zoom、HubSpot、Adobe 以及谷歌，它們都是你可以參考的對象。請你參考我在上面列出的五大要素，並確保你們公司全都有做到，否則你們就只是一家讓人為了五斗米而折腰的普通公司罷了。

打造企業文化的二十二種方法

一、鼓勵大家提出意見反饋，讓彼此能坦誠相待、極度透明。

二、一切以如何讓事情變得更好為目標。
三、開玩笑讓職場環境輕鬆愉快。
四、舉辦競賽（至少每月一次）來鼓勵競爭。
五、播放音樂：提振精神、使心情愉悅。
六、雇用與我們的文化合拍的人，不對盤的人不必勉強。
七、加入你個人獨有的特色。
八、建立儀式和傳統。
九、投資於公私兩方面的發展。
十、成立讀書會：每個月至少讀一本書。
十一、為生日及特殊事件舉辦慶祝會。
十二、對生日和重要的里程碑寄發手寫賀卡。
十三、了解人們的夢想，並建立一個論功行賞的系統，來幫助他們實現夢想。
十四、聽取公司內各方——不限定性別、年齡、經驗——的意見回饋。
十五、用臨時起意的活動給團隊驚喜。
十六、不擺官威，靠領導力服眾。
十七、有功必賞——對表現優異的人給予英雄待遇。

十八、允許瘋狂的事情——例如拍攝搞笑影片。
十九、有過必責——做不好就該被訓斥。
二十、只接受高水準的表現，其餘免談。
二十一、饋贈厚禮，讓對方知道你重視其表現。
二十二、善待員工，讓他們不想離開。

揭示團隊最重視的價值觀

學習新的思想和技能，是我最重視的價值觀之一，所以我個人以及我領導的公司，都很重視閱讀好書與學習優質的內容。

我之前曾提過賽門．西奈克製作的「信任vs.業績」影片，它讓我更加堅信：比起業績很好但你信不過的人，能讓你信任的人是更重要的。

所以我想把我對信任與業績的取捨標準，做成可供事業計畫參考的模板。我認為你可以根據以下六種特質來衡量你想與哪種人共事：品格、信任、職業道德、願景／認同、能力／綜合技能、以及人脈。你可以按一到十分對各項特質進行評分，然後將分數加總。

8-1：隊友記分牌

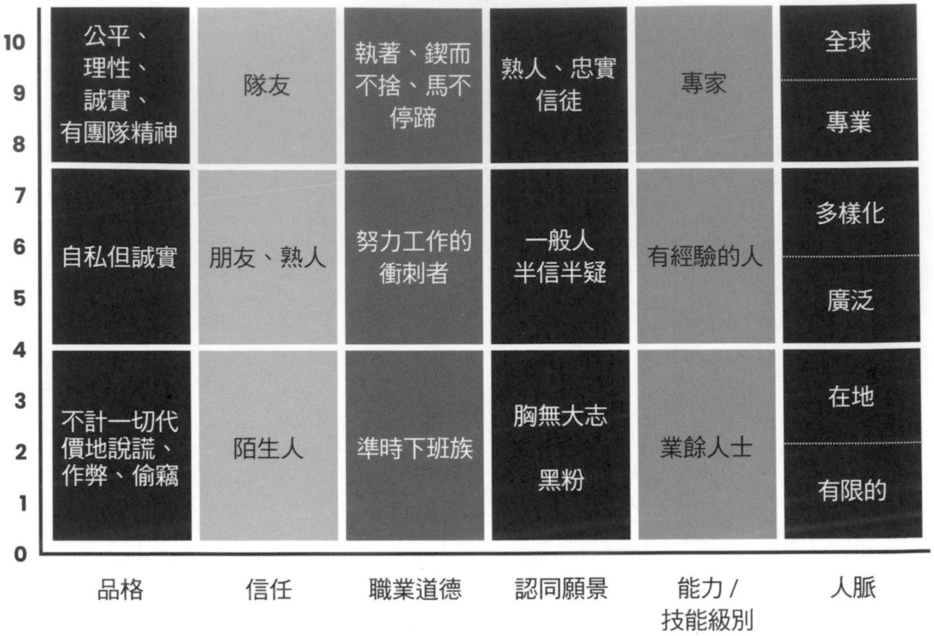

	品格	信任	職業道德	認同願景	能力/技能級別	人脈
10 9 8	公平、理性、誠實、有團隊精神	隊友	執著、鍥而不捨、馬不停蹄	熟人、忠實信徒	專家	全球 專業
7 6 5 4	自私但誠實	朋友、熟人	努力工作的衝刺者	一般人半信半疑	有經驗的人	多樣化 廣泛
3 2 1 0	不計一切代價地說謊、作弊、偷竊	陌生人	準時下班族	胸無大志 黑粉	業餘人士	在地 有限的

能夠進入核心圈子的，必須是你高度信任的人，這點完全沒有商量餘地，所以接下來我們就率先討論你的核心圈子吧。

核心圈子是團隊和文化的骨幹

你應該聽過成功學之父吉姆·羅恩（Jim Rohn）的一句名言：「你就是與你相處時間最長的那五個人的平均值。」這是因為我們最常為伍的人，對我們影響最大，我們的成敗自然與他們息息相關，而且我們會自然而然地把身邊的人當做衡量的基準。此外，當你們彼此的人際圈「打成一片」時，你們的活動、夥伴以及閱讀的書籍，通常也會變得一樣。

你有核心圈子嗎？如果沒有，請開始思考**你必須成為什麼樣的人**，以及你希望這個圈子裡有什麼樣的人，並確保人數不超過五位。

發展核心圈子有兩種方法。第一種方法，如果你是個學生，或是剛在組織中嶄露頭角的新人，那你必須找到對的圈子。你必須找到你想加入的圈子，並貢獻你的價值，使他們願意接納你。第二種方法則是跟高水準的人一起創立自己的圈子。選擇核心圈子的要素有十四點，你還可以參考隊友記分板，尋找得分超過五十分的人。

選擇核心圈必須注意的十四件事

一、守口如瓶：圈子內說的話絕不會外洩。
二、不耍花招：信任是核心圈子的基礎，要心機搞小動作會讓信任崩盤。
三、易於聯繫：不會找不到人。
四、很能引來機會：態度良好。
五、不愛抱怨：不會以受害者自居。
六、三人行必有我師：經常分享新書、新觀點以及有趣的文章。
七、注重細節：聽得懂弦外之音。

八、人脈豐沛且深得眾望：他們認識很多人，而且受人信賴，人們會接他們的電話，也會回應他們的提案。
九、尊重他人：待人處世皆與人為善。
十、為人仗義：讓你知道別人在背後如何議論你；維護你的信譽和你倆的交情。
十一、可以信賴：他們言出必行。
十二、互蒙其利：絕不會占你便宜。
十三、風趣謙遜：絕不允許傲慢無禮。
十四、注重儀表：絕不邋遢。

把人才放對地方是老闆的天職

這話聽起來可能有些奇怪，但在大多數組織中，**自私的人還是有一席之地的**。這就引出了人們最容易犯的兩個錯誤，其一是看重能力勝過信任，雖然你明知他們會在組織裡產生毒性，但是當他們帶來驚人的業績時，老闆通常會「捨不得」請他們離開。但如果他們扼殺了你的企業文化，你絕對要壯士斷腕不能讓他們帶壞其他人。等這幫人離開後，你就會明白「有捨才有得」的道理，因為往後你就不必再擔心他們會毒害團隊裡的其他人。

另一個常見的錯誤，則是誤以為每個職位需要的特質是一樣的。你在組建團隊時，必須看清每個人的本質，然後找到適合他的位置。以我來說吧，我並不介意與自私的人共事，只要他們誠實就行，事實上，我認識的一票金牌業務都很自私，他們只關心自己的業績是否達標。這些人替公司賺進大量營收，而且是許多組織裡的要角，但我絕不會犯下把他們變成主管或領導的錯誤，他們也不會成為核心圈子的一員，但我可以跟這樣的人共事。事實上，像這樣的業務員愈多，對營收成長愈有利。

身為老闆的你，一定要拿捏好自私vs.無私之間的微妙平衡，我特別製作了一張圖表，來說明我如何幫人才打分數，你在組建你的部屬與核心圈子時，可以參考一下。

我經常提到「準時下班族」，他們總是準時下班，連一分鐘都不肯多待。但如果你信任他們，而且他們的能力也夠，那麼他們還是有價值的。如果你隨他們去，並接受他們在工作時表現出色，他們在你的公司裡仍能有一席之地，只是不要試圖把他們變成領導者。

請記住，這張圖表是**評估**人的工具，並非**改變**人的方法。

打造團隊的關鍵在於接受他們的本來面目，並安排他們到能夠一展長才的職位，如果他們成功了，就代表你有識人之明。

8-2：淨正向指數表（Net Positive Index）

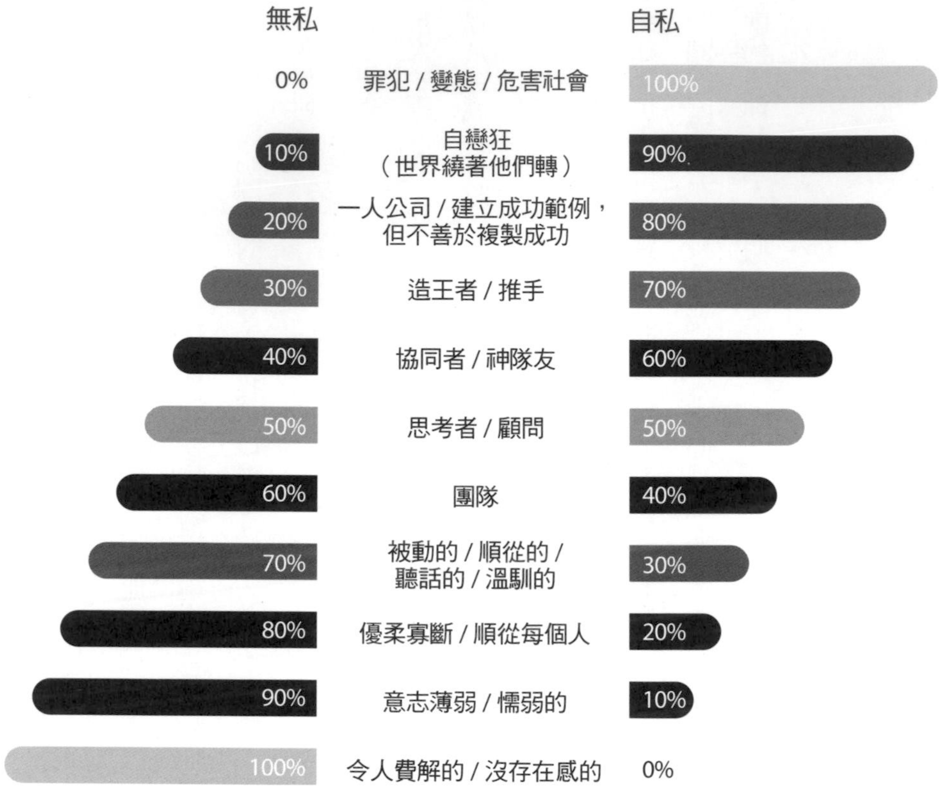

無私		自私
0%	罪犯 / 變態 / 危害社會	100%
10%	自戀狂 （世界繞著他們轉）	90%
20%	一人公司 / 建立成功範例， 但不善於複製成功	80%
30%	造王者 / 推手	70%
40%	協同者 / 神隊友	60%
50%	思考者 / 顧問	50%
60%	團隊	40%
70%	被動的 / 順從的 / 聽話的 / 溫馴的	30%
80%	優柔寡斷 / 順從每個人	20%
90%	意志薄弱 / 懦弱的	10%
100%	令人費解的 / 沒存在感的	0%

企業文化也是一項重要的員工福利

文化基石與其他基石有個不同處：你無法把文化跟團隊「清楚切割」，儘管我們把文化歸類到感性，把團隊歸類到理性，但是當人們在思考要到哪家公司上班時，感性與理性之間的界限就會變得模糊。

說到員工福利，我們往往只會想到健保和休假之類的有形事物，但如果你有意擴大公司的規模時，我希望你能同時擴大你看待員工福利的方式。對我來說，它不應僅限於有形的事物。

在你公司上班有哪些好處？

一、你目前為員工提供了哪些福利？
二、到你公司上班，會在哪些方面得到提升？
三、在過去一年裡，你幫多少人改善了他們的人生？

說得更直白些：**你身邊的人都能賺大錢嗎？**如果答案是肯定的，記得要經常表揚他們，並把他們的成功故事分享出去。如果你老是說自己多會賺錢，大家只會認為你這人很愛吹牛，但如果你力捧底下人的成功時，大家就會想加入你的團隊。像我最喜歡跟大家分享艾吉拉夫婦的成功故事，而且百說不厭：艾麗卡和瑞奇皆出身貧寒，也都沒有受過正規教育，卻在三十三歲之前拼成百萬富翁。類似的故事還有幾十個，我隨時都能跟大家分享。

所以身為老闆的你必須回答這個問題：你能給員工提供哪些好處？當你列出答案時，你才知道自己能為大家創造多少價值，如果連你都覺得那些福利不夠吸引人，就表示你還需努力，為別人創造成功。

當我在二〇〇九年創辦我的金融服務公司時，我連一般公司常見的福利都負擔不起，照道理應該不可能有人願意追隨我。當時只有幾名行政人員是正式員工，其餘六十六名保險代理人，都是跟我們公司簽約的自雇者，既沒有薪水也沒有健保之類的傳統福利。

他們唯一的福利就是跟著我派崔克．貝大衛一起打天下。現在回想起來，我真覺得很不好意思，當時大家都相信我能「點石成金」，且認同我的夢想。他們相信只要跟著我，就能改善他們的生活，並改變他們全家的命運。

這聽起來符合邏輯嗎？

你以為我有準備試算表，說我們一定會賺大錢？當時我們根本沒有任何收入，我確實對未來做了預測，但我並未深入分析各項數字。

你提供給員工的福利，可能永遠比不上大企業，他們能提供健保以及每週一堂免費瑜伽課，像Facebook就是以福利好到爆而聞名，包括免費洗衣、免費食物（甚至還提供可以外帶的容器），如果六點以後你還在公司，就可以享用免費晚餐。但是免費洗衣的福利在二〇二二年三月取消了[51]、也不再提供食物外帶容器，還把免費晚餐的供應時間延後到六點半。當人們對祖克伯的願景失去信心時，他並未努力強化文化與改善職場環境，反倒是不顧商譽選擇削減員工福利。這種做法算不算是把短期獲利置於長期價值之上？抑或這是減少開支的明智之舉？請你記住，經營企業應從長遠考慮，企業文化的影響會長達數十年而非短短幾季。

有些福利過了一段時間之後，就會被員工視為理所當然，而不再覺得驚艷，例如提供免費洗衣或免費午餐，並不會幫企業文化加很多分，卻會使管理成本大增。投資報酬率最高的員工福利，其實是令人難忘的驚喜活動，只要你用心籌辦這種不定期舉行的活動，就能打破日子一成不變的無聊感，並為公司注入活力。你還需設置一些特殊活動，員工們必須靠優異的表現才能贏得參加資格，這不僅能提高大家的興致，還能建立有功必賞的企業文化。

我的文化十分重視學習和安全，所以我策劃的活動不僅能增進同事間的情誼，而且還能培養員工的技能。正如我先前所述，我花了六萬美元，讓我們公司的兩個團隊，去參加為期兩天的化解衝突研討會。這個研討會是以《開口就說對話》一書為基礎，學員們發現，受訓後不僅職場的人際關係改善了，就連與家人的關係也變好了。這麼棒的學習成果，不但讓公司的投資立即獲得回報，學員們也覺得獲益匪淺，他們發現這是一家會支持員工提升公私兩方面福祉的好公司，他們很欣賞這樣的文化。

我打算進一步提升我們的文化，致力於追求卓越、賞罰分明且基業長青，於是我精心策劃一次異地活動，讓大家觀看 ESPN 拍攝的《賽場上的男人》（Man in the Arena）紀錄片，主角是傳奇四分衛湯姆・布雷迪。但我不想跟一般公司一樣，選一兩部影片在會議室裡播就這樣草草算了，我想多花點心思辦個別出心裁的活動，讓大家日後經常會想起此事，並且回味無窮津津樂道。像這樣的活動你不能單看它花了多少錢，也無法看之後幾季的收益來衡量其帶來的影響力。這種活動的重點是要培養團隊的技能和凝聚向心力，同時還可當成招募人才與留住人才的工具，甚至可以當成獎勵員工的工具。為了讓這次活動發揮最大效益，我到處尋找最有氣勢的場所。

最後我選擇了位於麻塞諸塞州福克斯堡（Foxborough, Massachusetts）的吉列體育場（Gillette Stadium），這裡是愛國者隊（Patriots）的主場，場地費恐怕很貴吧？當然不便宜，但應該沒有每天免費洗衣那麼貴。當我選好場地後，便開始策劃一場比賽，只有贏得比賽的人才有資格參加那項活動，人們對於必須努力爭取才能得到的機會，會格外珍惜。接著我把活動再提升到另一個高度，請來了曾經效力於愛國者隊的兩位球員馬特・萊特（Matt Light）和羅布・寧科維奇（Rob Ninkovich），以及布雷迪的顧問班・拉維茨（Ben Rawitz），他們三人在現場與觀眾進行問與答活動，結果就連那些原本不喜歡美式足球的人也都聽得津津有味。這原本只是一場為期兩天、探討如何追求組織卓越的研討會，但因為實在太特別了，所以能讓大家深刻感受到我們的文化。

你不妨好好思考一下，你們能提供哪些獨家的員工福利，而非推出一些很容易被複製的傳統型福利。

打造偉大企業文化的五個理由

一、達到卓越與高標準。
二、留住人才。
三、讓人興奮且樂在工作。
四、可擴大企業規模且永續經營
五、使公司的格局大過身為老闆的你

公司的聲譽是留住人才的關鍵

你必須確保優秀人才想繼續留在公司，員工留任（retention）不只是一項人資指標，它還反映出你打造公司的方式。如果你的團隊感覺工作無趣、提不起勁、只肯做份內的基本工作，或是你們之間缺乏坦誠的溝通，你就留不住員工。

員工流動率高是很花錢的，因為你們要不停招募、雇用和培訓新人，流動率高還會拖累生產力。更糟糕的是，如果員工都只是來你這裡混個資歷，你們公司就無法打造專屬的儀式和傳統。

像字母控股（Alphabet）、蘋果和微軟這些市值數兆美元的超大企業都已經意識到，企業長盛不衰的主要原因在於，他們是否善待員工，是否打造了員工每天都期待去上班的職場環境。求職者在加入你的公司之前都會先做些調查，只要上 Glassdoor 或 LinkedIn 查詢，或是跟認識的人打聽，很容易就可以得知人們對你和你公司的評價。

求職者挑選公司時會考慮的問題

一、貴公司與競爭對手有何不同？
二、你的領導力與其他人有何不同？
三、你奉行哪些榮譽準則？你自己有做到嗎？

人們是如何評價你的？從今以後的每一年，你將如何招募和留住人才？你會建立哪些儀式和傳統？

以大膽的行動建立忠誠度

很多人會建議你打安全牌，但我認為你應該大膽行動，這樣才能讓你脫穎而出，並吸引到合拍的人才。只要你與部屬的價值觀一致，就不必擔心留不住人才。

二〇二三年四月，我在一週內看了電影《Air》三次——一次是和我的孩子一起看，一次是和價值娛樂的五十五名員工一起看，還有一次是和PHP的一百二十名業務主管一起看。那部電影中的多個角色都讓我很有共鳴，我喜歡菲爾・奈特的創業家心態，喜歡桑尼・瓦卡羅的膽識，也很佩服喬丹媽媽獨到的談判風格，因為此一風格為超級球星爭取到前所未見的敘薪方式。

電影中我最喜歡的場景之一，是桑尼專程前往喬丹位在北卡羅來納州的老家，直接說服喬丹爸媽選擇跟耐吉公司合作。但他不只要跟喬丹媽媽談判，還必須說服菲爾・奈特，把全部的行銷預算集中花在一名球員身上，而非分散在三名球員身上。這麼做的風險極大，但卻也是此一大膽舉動讓耐吉成為一家市值高達一千七百億美元的公司。

二〇二三年四月二十二日，也就是福斯新聞的主播塔克・卡爾森（Tucker Carlson）離職後的翌日，我在早上六點鐘醒來，腦中隨即閃過許多念頭。無論你喜不喜歡此人，你都不能否認他的才華，以及他擁有大批鐵粉的事實。任何行業裡的頭號巨星被釋出都是極其稀罕的，所以你必須立刻大膽行動，抓住這千載難逢的機會。

天還沒亮我就發了簡訊給我們公司的三巨頭，並召集他們開緊急會議，我告訴他們：「我打算向塔克．卡爾森開出一份為期五年、總價一億美元的入職條件，先給我十分鐘說明，如果你們不同意，請拿出理由說服我。」

半小時後，我們一致認為這是個好主意。當天下午我本就約好了要上《梅根凱利秀》（*The Megyn Kelly Show*），她之前曾與塔克在福斯新聞共事過，所以我認為在節目上公開宣布我想聘用塔克，是個天賜良機。在我宣布此事、並在推特上公布我的邀約信之後，果然引起大眾熱議。

親愛的塔克：

我就開門見山地說了。

我們希望你能跟我們合作，為定義媒體的未來這個崇高的目標一起打拼。

我們開給你的條件是：

- 五年一億美元的薪資。
- 擁有價值娛樂的股權。
- 出任價值娛樂的總裁，並在董事會裡擁有一席，以發表你的策略願景。
- 製播你自己的播客，以及其他每天、每週播出的節目。
- 製播你關心的主題之紀錄片和電影。

你還有什麼要求？我們都洗耳恭聽。

敝公司對自由、自主和真相堅信不移，我們絕對是你和美國的最佳選擇。

雖然我們並非媒體龍頭，但我們是新媒體的領導者，我們的目標是要保護真相、言論以及公平的辯論，並讓閱聽大眾能夠更容易取得和使用我們的內容。

我們以十二萬分的誠意提出此一邀約。

派崔克·貝大衛敬上

必須開出天價、或是提供業界首屈一指的福利才能請到人，通常代表你的文化**不夠強**，就像沒特色的產品只能靠低價賤賣一樣。就算支付員工全世界最高的薪水，他們還是不喜歡來上班。成功的企業文化能讓員工發出這樣的心聲：

- 我迫不及待想在這裡工作。

- 我的工作很有意義和影響力。
- 我做得很開心。
- 領導團隊都有履行他們承諾的文化。

如果你說的每件事都有做到，就不必擔心人才流失，與你的文化合拍的人自會找上門來，不合拍的人則會另謀高就。更重要的是，你的文化會不斷變強，幫你留住你重視的人才，並打造長青基業。

回顧前一年以找出優秀員工

規畫流程的下一步是回顧前一個年度的情況，並透過以下問題了解團隊的表現：

一、上一年的表現證明哪些人與我們不合拍？
二、哪些人證明了自己是個值得信賴的人才，而且應扮演更重要的角色？
三、我必須招募哪些人？
四、哪些人（記帳員、私人助理）能讓我買回時間？
五、哪些（員工）能讓我成長？

六、我必須與哪些人合作？

七、哪些人成功化劣勢為優勢？

頭兩個問題無需花太多時間思考，決定採取什麼行動才是重點，解決方法並不是升級或降級那麼簡單，而是用適當方法讓他們融入，像我就會用公開表揚的方式來提高他們的向心力。當我想讓某個人扮演更重要的角色時，就會邀請他們到我家做客，並帶他們參加一些重要活動，我還會大力宣揚他們的成就，並安排時間讓他們在活動中發言。

至於那些辜負了我的信任或表現不佳的人，我會如何處理呢？首先我會和他們談談，看看他們是否從自己的錯誤中學到教訓，並改正了自己的行為。然後在我看到他們有所改變之前，我會減少對他們的關注，也不再苦口婆心地開導他們，在這種情況下，他們要麼主動離開，要麼提高自己的表現，不管是哪種情況，都有助於你建立一個講求高水準表現的文化。

至於你的小幫手們，理應幫你分憂解勞，讓你的工作能事半功倍，而不是成為你的負擔或令你分心。我很意外居然有不少人沒請私人助理，即使你請不起全職助理，也要盡量少做產值不高卻很耗時的行政工作，日理萬機的執行長就別親自跑郵局辦事了，那只會拉低你的工作效率。

說到招募人才，它涉及了攻守兩個層面，法律與法遵（legal and compliance）屬於防禦層面的問題，技術和分析（數據科學）則涵蓋了攻守兩個層面。網路資安屬於防禦層面，能加快流程的進階軟體則屬於進攻層面。分析（analytics）可以幫助你發現漏洞與找到商機，這方面的人才是不可或缺的，因為他們可以幫助公司化劣勢為優勢。做事情沒條理的老闆，則需要雇用一名能幹的個人助理。

如果你的公司需要募資，你的團隊裡必須要有懂得如何跟投資銀行打交道的人才。像我會找湯姆．艾斯沃思（Tom Ellsworth）加入我的核心圈子，就是因為他在募資方面很有經驗，他辦事我放心。我們最終順利籌集到一千萬美元，而且還吸引到很厲害的合作夥伴，他們不僅擁有豐沛的人脈，而且提供很多很有價值的建議。這一切都是拜我聘用了一名得力員工之賜。

雇用得力的員工能為你們公司帶來顯著的進展。二〇一七年我的金融服務公司業務蒸蒸日上，但我知道法遵問題極可能是我們組織的潛在威脅。幸好我知道鮑勃．科茲納（Bob Kerzner）是個能夠幫我解決問題的神隊友，他是知名的壽險研究機構美國壽險行銷協會（LIMRA）的執行長兼董事長，還曾擔任過哈特福人壽保險公司的執行副總裁。我力邀他加入我們的董事會，並幫忙審核我們公司的法遵合規性。他提出一份厚達四十三頁的報告，結果顯示我們的防禦層面必須加強，所以我請他指導我們公司的高階主管，並與我們的承保公司合作。此一人事安排讓我們公司的體質變得更好，且大幅降低我們的風險，而這一切要歸功於我能坦誠面對自己能力不足之處，並找到一位能截其長補我之短的神隊友來幫忙。

與我形成強烈對比的是數位資產交易平台ＦＴＸ的創辦人山姆．班克曼－佛里德（Sam Bankman-Fried），此人極其狂妄自大且欠缺自知之明。《財星》網站在二〇二二年十一月十八日刊登了一則報導[52]，標題為：「創投金主查馬斯．帕里哈皮蒂亞〔Chamath Palihapitiya〕曾建議山姆・班克曼-佛萊德設立董事會，他的回應竟是『去你X的！』」下方的副標題則說明了結局：「估值曾高達兩百六十億美元的加密貨幣交易所FTX，居然在沒有董事會的情況下營運，它的垮台很可能導致私人企業再度面臨必須設置獨立董事的壓力。」

你的團隊必須包括各路人馬，這樣才能幫你汰弱為強，並為潛在威脅提前做好部署。你的身邊應圍繞著最優秀的人才，讓你的個人、事業、法律、財務、家庭和健康獲得全方位的照顧。

一名搖滾巨星勝過十名普通員工

Netflix堪稱是研究企業文化的最佳案例，我們就來好好研究一下他們是如何打造團隊的。Netflix的共同創辦人兼前執行長里德・海斯汀（Reed Hastings）奉行「搖滾明星原則」：他寧以高出行情價甚多的薪水，聘請一位搖滾明星等級的軟體工程師，而非聘請十位普通的工程師。我大力推薦你閱讀海斯汀與艾琳・梅爾（Erin Meyer）合著的《零規則》（*No Rules Rules: Netflix and the Culture of Reinvention*）一書，它將改變你對於招募人才與敘薪方式的看法，書中寫道：

> Netflix在成立頭幾年的發展十分迅速[53]，我們必須招募更多軟體工程師，我的新認知是，高人才密度（talent density）會是我們成功的引擎，所以我們只找市場上最優秀的人才。考量到我可以支配的人事費用與我必須完成的專案，我有兩個選擇：雇用十到二十

五名普通工程師，或是雇用一名搖滾明星等級的工程師，如果是後者，我搞不好得支付比一般工程師高出甚多的薪水。

聘用搖滾明星級人才的優點

一、奠定基調（set the tone）。
二、提高標準並激發其他人拼盡全力。
三、展現可能性。
四、提升績效。
五、盡快取得成果。

但要雇用搖滾明星，你自己也得是個搖滾明星：搖滾明星不會想與泛泛之輩共事，而是希望加入由敢於挑戰他們的搖滾明星所領導的團隊。這時候話題又回到你們公司能夠提供什麼樣特別吸引人的員工福利，你需要回答以下問題：

一、你身邊的人是否賺得比之前更多？
二、你如何納入讓身邊的人都能致富的計畫？
三、你希望你的高階主管、業務員在新的一年裡達到什麼樣的成績？（列出其中二至六名頂尖業務員的預估營收）。

在未來一年、數十年中，那些充分發揮潛能的人可享有哪些（財務及其他方面）福利？

為文化打造正式與非正式的儀式

文化與行為息息相關，文化其實就是把儀式和傳統變成習慣。我之前便曾說過，我非常重視學習和培養技能，但如果我自己從來不看書、也不花錢培訓，那誰會相信我重視教育的說法。這就好比你宣稱自己很重視健康，卻狂喝含糖飲料、狂嗑零食一樣讓人傻眼。

瑞．達利歐的極度透明觀點讓我大開眼界，但我同時也意識到，很多人可能會覺得這種做法有點咄咄逼人。事實上，某次我建議把達利歐的《原則：生活和工作》（*Principles: Life and Work*）一書選為我們的每月一書時，就曾遭到執行團隊中幾位成員的反對。我聆聽了他們的心聲，但還是覺得這本書不僅必須一讀，而且還應當把其思想納入我們的文化。

那些經過深思熟慮、對書中觀點提出的質疑有被聽到，但他們提出的另一種觀點則引發激烈的辯論，最後那些拒絕閱讀這本書的人被放生了。此一發展完全對事不對人，只是我們表達彼此不合拍的方式而已。

現在我所領導的每一家公司，都會指定應徵者閱讀一本書，並提交一頁讀後心得。這是一個很棒的篩選工具，能幫我們找到認同我們文化的人才，讓我們儘早知道此人是否熱愛學習。光憑這份作業，就能讓我們得知此人是否可靠且願意受教。

在我們公司的文化中，讀好書是由領導人建立的一個正式儀式。不過觀看非正式的儀式在文化中扎根的過程也很有趣，它們有些甚至成為公司入職程序的一部分。在新員工入職的第一天帶他們去吃飯，並不會令他們終生難忘，所以當年我還住在洛杉磯時，最喜歡帶新人去爬聖塔莫尼卡的好漢梯（Santa Monica Stairs）。

在報到當天的「新生訓練」結束後，還留在辦公室的人會併車去爬好漢梯，那裡距離辦公室的車程約四十分鐘，正好夠大夥兒認識彼此，讓我們可以得知每個人的音樂偏好，以及他們私底下的一面。到達現場後，眼前是個令人望而生畏的景象：好漢梯全程有一百七十階、距離地面約十層樓高。

在我帶過的團隊中，最高紀錄有人來回爬了十五趟，有個叫傑森的傢伙一直誇口，說他肯定能超越這個紀錄，但他才爬到第四趟就開始嘔吐，害我們所有人都笑翻了，而那段回憶也成了我們企業文化的一部分。

我這人有點怪，我領導的公司自然也不一般；我們很重視健身，且認為獨樂樂不如眾樂樂，所以大夥兒很喜歡聚在一起。我們公司的主管不會擺出高高在上的姿態，我們不愛上酒吧但也不會宅在家裡，而是經常去聖塔莫尼卡好漢梯鍛鍊身體，這讓我們的企業文化變得更加強大。

我崇尚高標準，我認為得過且過的人是不會有出息的，所以要是我在 Zoom 會議上發現有人不專心，我就會直接點名。而且不論會議規模大小，只要休息時間一結束，我便要求立刻鎖上門不再放人進來。我不在乎被不守時的人認為我很難搞，我只在乎那些守時且追求高標準的人。

沒有志同道合的人難成大事

人都想有超水準的表現，因為知道這樣做會得到認可和獎勵。當我看到有人在放假期間還進辦公室多幹活時，就知道這是我們的企業文化在「作祟」，因為人們喜歡跟志同道合的人共事。不論是正式還是非正式的儀式，都會使文化變得更強大且獨樹一格，而且能提高員工的留任率，這是幫企業創造長期價值的一項重要利器。

在打造團隊基石時，你務必認真思考，你想雇用什麼樣的人才加入你的團隊。還有，盡全力找到你非常信任且能讓你買回時間的優秀人才。

本章的兩大基石

文化基石

行動方針：

一、挑選能夠充份展現你們文化的詞語。

二、指定每位新進員工閱讀一本書，並繳交一頁心得報告，才能了解他們有多想在這裡工作。

三、為新員工舉辦一個能展現企業文化的入職儀式，例如烤肉、健行或體育活動。

四、建立符合你們文化的儀式和傳統。

五、讓大家知道你是個表裡如一的人，這樣才能留住價值觀相同的人才。

六、找到認同你們文化的人才，例如你要帶頭推廣公司內的讀書風氣，使之成為你們公司的傳統，然後要找到一個你信賴的人來推動此一文化。

團隊基石

行動方針：

一、根據你的SWOT分析，找到能與你截長補短的關鍵人才，使公司能有更棒的攻守表現。

二、找到能提升你們公司地位的搖滾明星級人才，並樂於支付遠高於市場水準的薪酬。

三、使用隊友記分卡來評估應徵者。

四、花錢栽培那些願意為公司賣命但技術還不夠到位的人。

五、雇用能讓你買回時間的人。

第九課

願景與資金基石

優秀的企業領導人能夠創造願景、闡明願景、熱情擁抱願景，並且鍥而不捨地實現願景。

——傑克・威爾許（Jack Welch），奇異公司前執行長

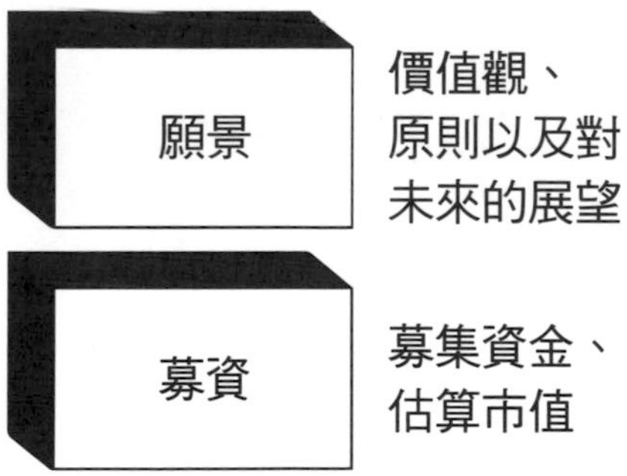

是一艘船艦讓我明白什麼是願景，它就是以密西西比州（Mississippi）前參議員命名的史坦尼斯號（*John C. Stennis*）航空母艦，這是一艘尼米茲級的核動力航空母艦，由諾斯洛普・格魯曼公司（Northrup Grumman）於一九九一年以四十五億美元的造價承造。此艦的滿載排水量達十・二萬噸，艦上可容納五千多名官兵，艦身有三個足球場那麼大。

但是真正教會我什麼叫做願景的，並非這些數字，話說一般船艦大約每個月都要補充燃料，

特殊一點的船艦可以拉長到三個月才補充燃料，請你猜猜看史坦尼斯號多久才需要補充燃料？。

答案是二十六年。

此事給我的啟發就是：只要你的願景夠強大，你就不必一直幫自己加油打氣，而是像史坦尼斯號一樣，可以一口氣撐上二十六年！正如一艘船艦的輝煌是由它的設計所造就，你們公司的輝煌要由你的願景來造就。

試想一下你有個願景，能讓你發光發熱二十六年都不用再添柴火！我們之前會提及《豐田模式》一書並非湊巧，典型的日本事業計畫，都是設想一個要傳承數代的事業，是不是超有遠見？

我把願景放在最後一組基石是有原因的：願景能讓人們永遠不想停下來。你可能注意到夢想和願景頗有相似之處，但兩者最大的區別在於，夢想比較個人化，而且是有時間表的，你可以實現一個夢想。願景則是超越你個人和你的家庭，且是為了你所領導的人（甚至是世界）而存在的，它永遠不會停止。願景是超然的，且甚至比你長壽。

例如宜家（IKEA）公司的願景是[54]：「為大多數人創造更美好的生活。」它為該公司提供了不停創新的動力。亞馬遜也有類似的願景[55]：「成為地球上最以客戶為中心的公司，客戶可以來此找到與發現他們想在網路上購買的任何東西。」即便創辦人貝佐斯不再擔任執行長了，亞馬遜的願景仍會延續下去，不會有終止日。

事實上，唯一能阻止願景的是資金用完了，但是想要獲得資金，你必須有一個令人信服的願景，而且你必須知道如何向他人闡述這個願景。你還得要知道自己的核心理念與商業原則，我將會跟大家分享我的核心理念與商業原則，以幫助你建立自己的核心理念與商業原則。

本章內容摘要

我們將在本章中詳細介紹如何募集資金，而且你將會看到願景與募資是息息相關的。我們將會非常具體地教你如何製作電梯簡報（elevator pitch）與募資簡報（pitch deck），並向創投金主展示這套方案。

本章的兩大基石與前幾章略有不同，因為願景和募資都包含感性和理性元素，所以我們會一口氣講完如何建構願景基石，然後再談如何建構資金基石。願景雖是感性的，但它也需要一些非常理性的步驟，我會帶領你完成這些步驟。募資其實是另一種形式的推銷，因為不論是讓他們開支票給你、加入你的公司，或與你簽約成為供應商，你都必須先在感性層面上打動對方，然後再用理性的計畫把他們「拿下」，這是個能讓每個人都興奮不已的理性基石！想要實現願景，你必須募得資金，而且需要夥伴一起合作。

堅若磐石的神聖願景才能維護你的核心理念

作家、製片人與內容創作者，都在尋找能讓其作品永垂不朽的聖杯，吉姆・柯林斯（Jim Collins）和傑瑞・波拉斯（Jerry I. Porras）曾於一九九六年在《哈佛商業評論》上發表了「建立公司的願景」（Building Your Company's Vision）一文，時隔二十多年後，兩人說明了為什麼一個組織必須建立自己的願景：

> 真正偉大的公司清楚知道[56]，哪些事物絕不允許更動、哪些可以改變；也很清楚什麼是神聖的、什麼不是。這種能夠精準判斷該變與不該變的罕見管理能力——需要相當程度的自律——與提出願景的能力密切相關，願景能指引我們該保留哪些核心理念，以及未來該朝哪個方向發展。

傑夫・貝佐斯說得更簡潔有力：「願景要執著，但細節應靈活。」[57]

你看懂了嗎？你知道你的願景之核心是什麼嗎？你會堅守自己的願景嗎？你對自己做的事，有設定沒得商量的（nonnegotiables）底線嗎？就算是天大的商機，只要違背我的願景，我會立刻回絕。

當「使命必達」成為聯邦快遞（FedEx）的代名詞，此一願景便成為該公司的物流、技術和系統的指導原則，即便這意味著虧損數年，或是犧牲包裝的品質，它也不在意。

說到到貨速度，達美樂披薩的總裁湯瑪斯・莫納漢（Thomas S. Monaghan）在一九八四年推出三十分鐘保證送到的新做法，為此他們犧牲了品質、員工滿意度以及送貨員的安全。為了實現這一願景，他們必須在每件事下工夫，包括多快做好披薩，結果事實證明此一做法成功提升了市占率。我對達美樂的表現鼓掌致敬，**當你一心一意要做某件事時，你的願景就能實現**。不過後來此一願景為該公司惹來不少麻煩，皆是因為司機趕著送貨而引發數起訴訟。當此一保證不得不取消時，該公司只能手忙腳亂地思考其願景。

或許就是拜達美樂缺少能夠持續的願景之賜，約翰．施納特（John Schnatter）趁勢在一九八四年開設約翰老爹披薩（Papa John's），而且施納特的願景主打品質。為了實現他的願景，施納特賣掉車子，買了製作披薩的設備，並把他爸的小餐館後方、放置掃帚的工具間改裝成製作披薩的廚房，並且翌年就在印第安納州的傑佛遜維爾開了第一家店。

我猜有些讀者可能已經從媒體上讀過關於施納特的報導，對於爭議性的話題或人物，我從不會避而不談，我的播客採訪過他[58]，而且他對願景的看法令我獲益匪淺。

之前我們曾說過要把你的夢想視覺化，對於你的願景也該這麼做，而且展示的對象要擴大到你的員工、客戶及合作夥伴。施納特的做法是在內部張貼這些口號：「本業至上、本業優先」以及「以人為本」。想必許多人都看過他們的廣告，其中不斷強調的願景是：「更好的用料、更好的披薩。」無怪乎，約翰老爹披薩是全美速食餐廳顧客滿意度指數（American Customer Satisfaction Index）評比的常勝軍，在十八年中奪冠多達十六次。[59]

我是在二〇二二年採訪施納特的，我很驚訝地發現他的願景依然流淌在其血液中，他矢志終身追求高品質披薩，我們還當場做了個實驗，同時點了傑特披薩（Jet's Pizza）、約翰老爹和必勝客的外送披薩。

當時六十歲的施納特已擁有十億美元的身家，而且早在四年前就已退出業務，但是當披薩送到的時候，看著他緊張且專心地關注各項細節，令我相當意外。他跟我們說明披薩製作的每一個細節，從義式香腸擺放的位置，到起司與披薩皮邊緣的距離，聽他解釋且經我們親口品嘗後，大家都看出來必勝客用的是最便宜的起司。

對施納特而言，「更好的用料、更好的披薩」絕不僅是個目標或理想，而是一個超越獲利和短期目標的願景，是推動企業做好每個細節的一種執著。

就像施納特以及其他許多企業執行長一樣，賈伯斯也必須不斷在速度（或上市速度）、成本和品質之間做選擇。賈伯斯肯定也會為了各種困難的決策與妥協而傷透腦筋，但只要他秉持對品質的願景，就比較容易做出決定。只要是為了維護品質，該延遲上市，還是必須提高售價，就照辦吧。

在你眼中什麼是神聖不可侵犯的？什麼是沒得商量的？什麼樣的願景能激勵你二十多年而不必頻頻添加燃料？

如何闡明願景？

當我在二〇〇九年創立我的金融服務公司時，我便提出了一個具體的願景，我打扮成一九八五年的電影《回到未來》（Back to the Future）中的布朗博士，讓每個人知道我們要創造自己的未來。當你宣布一個偉大的願景時，安排適當的場景是有幫助的，選對講話的場地、做正確的打扮，都能放大效果幫你加分。

想要擁有願景必須回答以下問題：

- 我們要做多大？
- 我們要進軍哪些市場？
- 我們將創造怎樣的歷史？
- 誰會寫文章介紹我們，他們會說些什麼？
- 此一願景能讓世人看到什麼樣的「有朝一日……」？

當年賈伯斯在發表蘋果或皮克斯的願景時，他絕不可能對著大夥說：「有朝一日本地的報社一定會來報導我們。」如今的蘋果公司已經是全世界每所大學爭相研究的重要案例，而且賈伯斯本人的傳記，是由全世界最棒的作家之一華特·艾薩克森（Walter Isaacson）撰寫。賈伯斯並非為了錢才創立蘋果公司，開公司當然是為了賺錢，但如果沒有願景，賈伯斯不可能為蘋果公司打下厚實的基礎，讓現任執行長提姆·庫克（Tim Cook）得以將公司發展到三兆美元的市值。

你看過馬雲在一九九九年創立阿里巴巴的影片嗎？雖然他講的是中文，但即使聽不懂中文的人也能感受到他的信念，透過影片的英文字幕我們得知馬雲是這麼說的：「如果我們只想做朝八晚五的工作，那就去幹點別的吧。」請你猜猜看，他給他的願景吃了什麼大補丸？我給個提示，他很明智地選對了「那個」！

為了善用敵人激出的力量，馬雲特別以矽谷的文化做為參照，並指出：「這就是我們敢跟矽谷競爭的原因，這就是我們敢跟美國人競爭的原因，如果我們是個優秀的團隊，知道自己要做什麼，我們一個人就可以打敗他們十個人。」

善於表達自己的願景能吸引到瘋狂的人，他們會為了實現你的願景、用肉身擋在公車前面，他們想成為某個偉大事業的一份子，他們只是在等待一位有願景的領導人，帶領他們到達他所說的那個美好未來。

那些高瞻遠矚的人能夠看到別人看不到的東西，我的願景是看到一個不分種族、性別或教育程度，都能在公司裡平等成長的世界，這家公司會提供技能、系統和領導力，讓每個人都有機會成為賺很多錢的業務員和企業家。我很清楚我的願景不只是把部屬栽培成百萬富翁，而是要看到他們成為社會的中流砥柱，幫助推動經濟發展與改善社區；我還要看到成功像病毒一樣傳染開來，且呈現倍數增長；我更要看到我們重視的價值與原則，深植於人們心中，從而帶領著我們團隊中的某個人脫穎而出，並成為美國總統。（雖然這種情況還未發生，但我愈來愈相信它會實現。）

以上就是我看到的所有願景，一開始的時候其他人都沒有看到，但這沒啥好奇怪的，畢竟大多數人都只能看到下一頓飯有著落了沒。可是當有人能讓大家看到目前還不存在的美好未來時，他們就會樂於加入。你必須有夠強的信念和夠高的可信度來打動別人，再加上一點點戲劇化的誇張表演，有助於把人們拉出目前的狀態並展望未來。

現在我們已來到最後兩個基石，你會發現與前面的基石有些重疊。老實說，制定計畫比確保把每個想法放在正確的位置上更為重要。談到願景時，你要像對待夢想一樣，「想像有朝一日如果……」

想像有朝一日如果：

- 創業和金融知識都成為小學課程的一部分。
- 糖尿病患者不必再使用胰島素幫浦*（insulin pump），且糖尿病變得很容易控制。
- 老年人不必再擔心醫療照護問題。
- 你可以與世界級的專家無縫接軌，且按分鐘計費。

頭尾這兩個都是我自己的願景，我會一直為第一個願景努力奮戰，即使我無法改變每一所學校，但我會持續製作免費影片，為此一願景盡一份力。最後一個願景則讓我推出了一款名為「Minnect」的應用程式，其中的關鍵詞是「無縫」，因為這個定義會隨著技術的發展而日新月

* 譯注：一種可以佩戴在身上、並自動注射胰島素的小型機器。

異。儘管我們已經實現了推出這款應用程式的「目標」，但此一願景並無終止日，這意味著我們將不斷改進用戶體驗。我想為創業者提供所有優勢的願景永遠不會停止，我會在產品與交付機制上保持靈活，但我會堅守我的願景。

宣布願景後用數十年的光陰來衡量成敗

願景是事業計畫的重要成份，你的願景必須包含以下三大要素：

- 說明你要創造什麼，它是你的想像與未來現實之間的紐帶，讓你由此開始改變現狀。
- 對你的客戶或世界產生真正的影響。
- 排定優先事項，為你的所有選擇提供依據和方向。

等你宣布了你的願景後，接下來就看你是否在數十年後實現了它！貝佐斯在創立亞馬遜後一直承受著來自華爾街的壓力，值得讚賞的是他堅守自己的願景，不急著賺錢而是持續把獲利投資於研發。當時有很多質疑者，而且貝佐斯的執著也曾數度看似不智，幸好他始終堅持某些原則是沒得商量的，結果證明他確實是個很有遠見的企業家。

成敗需要很長的時間才能論定（十年恐怕都不夠），你不能光憑一季或一年的好成績，就說自己是個有眼光的人。被譽為撲克教父的道耶．布朗森（Doyle Brunson）就是這麼說的，他於二〇二三年去世，享壽八十九歲。有人問在賭城的牌桌上競技了一輩子的布朗森，年輕一輩的玩家中哪一位的牌技最高超，他的回答是：「二十年後再來問我吧。」

事業成功需要時間，任何人都可以撐過一年，能堅持五年的人也不在少數，但只有敢於冒險的天選之人才有辦法堅持二十年以上。

能夠展望未來意味著能夠預見和減少遺憾，大家若想在二、三十年或甚至五十年後回首往事時，覺得自己不負此生，你最好有個願景。我認為大家有必要了解一下，沒能實現自己願景的人生，會是什麼樣子。

你不妨從年近九旬的布朗森之視角，來回顧你的人生和職涯：在你最喜歡的家庭聚會上，已經成了爺奶的你回首這一生，如果這輩子都選擇過著四平八穩的生活，我敢打賭你會覺得很痛苦，你會問自己：「為什麼我不敢一把全押？為什麼我只敢賭這麼小？為什麼我不敢冒險？」

你絕不會跟別人分享這份遺憾，你只會把它帶進墳墓，你的痛苦會隨著年華老去而與日俱增，你的人生主題是後悔沒有發揮潛能，請你好好感受一下這種心情。試著從九十歲老人的角度來看你的人生，你才會明白，如果繼續照著目前的路走下去，你的人生會是什麼模樣。

如果你是比較理性的人，或是你無法想像自己白髮蒼蒼的樣子，則可以用另一種方法檢視你的人生：寫自己的訃聞，此法也能讓你對自己的人生有個正確的認識。

能夠放眼未來的人真的很少，為了實現長遠的目標而願意延遲滿足的人更是鳳毛麟角。話說回來，正在閱讀本書的你，肯定不甘於當個平凡人，而是極度渴望出人頭地。這就是為什麼我要引導你，預想未來可能會感受到的遺憾，以督促你盡快找到自己的願景。

從你開始為某個比自身更偉大的東西——一個真正的願景——努力奮鬥的那一刻起，你就會看到一個前所未見的自己，世上沒有任何超能力能與之匹敵，一個都沒有。

清楚闡明你的願景

在我認識的企業家裡，提姆．亞當（Tim Ardam）可能是最謙虛的一位。他十歲時爸媽離異，十七歲加入海軍陸戰隊，曾當過軍用卡車司機和炮兵技師。退伍後他打過零工，後來在販售震動訓練機的 Power Plate 公司從事客服和物流工作，他曾兩度創業但都失敗了，還欠了一屁股債。最後他終於成功創辦了一家公司，年營收超過兩千萬美元，但他仍覺得若有所失。

我問他對公司有何願景，他說：「創業之初我完沒有任何計畫，只知道埋頭苦幹。我是在二〇二二年去參加你們公司舉辦的商業規畫研討會，我原本以為那會是一個非常無聊的制式活動，想說你會教一堆數字和賺錢之道。我完全沒料到那堂課會是那麼感性，那時我才明白我居然從未有過願景。」

如前所述，提姆的公司每年營收已經超過兩千萬美元，他卻說：「我一直都搞不定願景這玩意兒，我只知道悶著頭一直做。我知道我們想成為什麼樣的人，想達到什麼樣的境界，但我以前從未想過願景對公司的影響。」

研討會結束後，提姆發誓要找到自己的願景，他說他要製作一個願景板，可是等他坐下來準備動手時，卻什麼也想不出來。他苦思了好幾個月，終於能夠清楚說出他對公司的願景，也就是他最珍視的價值觀。

我跟你分享這個故事，是想告訴你們，並非所有的基石都可一蹴可幾。一年後提姆又來參加研討會，會後他打電話對我說：

二〇二二年底，我跟我太太都參加了商業規畫研討會，還讓我們公司的所有領導者都在線上觀看。我太太清理出一面寬約七公尺的牆面，把它當成黑板，然後在上面寫出我們的願景。我在研討會學到，不僅要做願景板，還要找到我們百分之百想要追求的願景。我們必須寫下我們在這裡奮鬥的理由，不能只是為了賺錢，我們的夢想是什麼？我們為什麼要把自己當成弱者？為什麼我們不能把自己看做是剛剛起步的殺手呢？我們要把奮鬥了十五年的精彩片段剪輯成影片，提醒我們是如何走到這一步的。

我們夫妻倆花了一整天做這件事，現在我們的關係比以往任何時候都更親密了，因為我們有了共同的願景，而且我們很清楚自己的價值何在。

自從宣布了自己的願景後，提姆的收入大幅增加，不過想要知道這個練習的最終效果如何，不論是提姆還是我們所有人，都得等上二十年才能下定論呀。

與團隊一起建立願景

如果你只是寫下你的價值觀和原則，是不會產生任何價值的；如果你只是把它們列印出來，並張貼在辦公室某處，那麼它們的價值仍然微乎其微。要想讓它們產生真正的影響，你必須把它們誕生的過程儀式化，因為只有這樣，才能顯示出你的願景之全貌。

我的商業原則

一、堅守原則絕不妥協。
二、在能夠放心讓員工獨立作業前，採取緊盯細節的微觀管理（micromanage）。
三、我們現在的成就並不能讓我們更上一層樓。。
四、誰都有可能丟工作，包括創辦人或執行長。
五、互相挑戰對方求進步，創造正向的同儕壓力。
六、不斷超越自己的最佳成績。

七、把公司的錢當成自己的錢一樣愛惜，絕不亂花。
八、接納各種意見，但耳根子不能軟。
九、抗拒降低期望和標準的誘惑。
十、創造一個幸福的職場環境，讓團隊成員的財務和專業皆能獲得照顧。

我之所以會苦口婆心地反覆提起這些價值觀和原則，是因為我知道這樣才能讓它們深植人心，訊息只聽過一次很難記全，重複才能在人們心裡扎根。你認為「更好的用料，更好的披薩」這句口號被約翰老爹餐廳重複了多少次？把觀念視覺化也有幫助，我家的玄關就掛了一幅巨大的畫，上面寫著「領導、尊重、改善、愛」

在我跟你說明我是如何制定這些原則、以及說明我們公司的願景之前，請你了解：花小錢也能辦大事。例如當年我在公司創業之初扮成布朗博士，來跟大夥說明我們公司的願景時，幾乎沒花半毛錢，但效果卻非常驚人。直到二〇二〇年，我的金融服務公司擁有更多資源時，我才決定砸大錢辦一場令人難忘的活動，再次強調我們的願景。

整個活動都充滿了驚喜，我告訴團隊在亞特蘭大集合，然後從那裡搭乘私人飛機前往傑基爾島（Jekyll Island），它是喬治亞州海岸的一座屏障島，在一五一〇年被西班牙探險家發現，後來由胡安・龐塞・德萊昂（Juan Ponce de León）治理，是一個充滿歷史氣息的美麗景點。

傑基爾島俱樂部曾在一九〇四年被《芒西雜誌》（*Munsey's Magazine*）評為「世界上最富有、最獨特、門檻最高的俱樂部」，當時的成員皆是美國商界赫赫有名的巨擘：J. P. 摩根（J. P. Morgan）、約瑟夫・普立茲（Joseph Pulitzer）、威廉・K・范德比（William K. Vanderbilt）、馬歇爾・菲爾德（Marshall Field）以及威廉・洛克菲勒（William Rockefeller）。[60]

這幫富豪決定在同個社區生活（或度假），並把子女栽培成領導者，所以他們打造了這個地方，讓他們可以在這裡度假與交換意見。我們租用了度假村裡一個極具歷史意義的房間開會，因為只有二十八人，所以每個人的聲音都能被聽到，而他們到場的權利都是憑自己的本事贏來的。

在這麼重要的場合裡，每個細節都不容馬虎，所有與會的男士都需穿著深藍色西裝，搭配藍色襯衫、紅色領帶，以及同色系的手帕，女士們則需穿著正紅色長禮服，我們一起發表了如下的宣言：

我們的一不二要

一要：善盡個人的職責。

二要：善盡共同的職責。

一不：絕不能對願景妥協。

我們寫下了我們的集體願景，以及我們的價值觀和原則，然後把它交給一位專業編審，以確認沒遺漏任何細節。等我們把每字每句都潤飾到精準無誤，便把它們寫在一張特製的羊皮紙上。

我們把整個儀式錄製成一段不公開的影片，僅供公司內部人員觀看。我們傳送這段影片的電子郵件主旨是「來自傑基爾島聯邦儲備銀行會議室的消息」，影片的標題則是「PHP的簽署人」，這段影片非常轟動並引起了巨大的迴響。

現在我要提醒你，你不能邀請全公司的人參加這種盛會，那些沒貢獻、沒信譽的人就沒資格參加。只有那些願意赴湯蹈火全力以赴的人，才能受邀與你一起定義公司的願景、價值觀和原則，這種論功行賞的做法才能提高員工對公司的忠誠度和承諾。

願景是極具感染力的，你身邊的每個人都會很有感。我不打算告訴你，這次活動花了我多少錢，但我在結帳之前就已經預見到，本次活動絕對是物超所值，因為它改變了我們的身份認同。

如果企業不注重原則和價值觀，遲早要付出代價的。有一項針對美英兩國的四千多名員工所做的《員工淨正向量表》（Net Positive Employee Barometer）調查顯示，目前大多數員工對於企業在改善環境與提高社會福祉所做的努力並不滿意。**有近半數的員工會因為與雇主的價值觀不一致**

而考慮辭職[61]，而且已經有三分之一的員工因為這個原因而辭職了，這些數字在Z世代和千禧世代中的比例更高。

這項研究是由聯合利華前執行長保羅・波爾曼（Paul Polman）主持，他總結道：「員工有意識離職（conscious quitting）的時代即將到來。」

你以為人們是因為成長、自主性、團隊、樂趣以及錢太多而辭職的嗎？我不這麼認為，我認為他們是受夠了糟糕的企業文化，覺得自己只是一台機器上的一個齒輪，為一個沒有願景的主管工作。請你記住：**讓員工做不下去的不是工作，而是他們的領導人**。（people don't quit jobs; they quit leaders.）

許多人常抱怨，現在的員工毫無忠誠可言，但這是受害者心態。如果是贏家的心態，應該會想到因為很少有公司關注價值觀和原則，所以創造一個能讓員工認同的願景，你就能招募並留住優秀人才。我鼓勵你舉辦一場特殊的活動，讓你跟你的核心圈子一起確立公司的願景，並使其歷久不衰。以下有七條指導原則供你參考：

讓價值觀和原則永遠流傳的七個原則：

一、選一個有意義的地方來建立你們的價值觀和原則。

二、重要利害關係人應全數到場。

三、讓在場的每個人都能參與。

四、價值觀和原則不要超過十二項。

五、用一段序言（或適合你們團隊文化的方式），制定你們自己的價值觀和原則。

六、製作令人印象深刻的視覺材料。

七、活動結束後，把視覺材料放在各個醒目處。

展示願景的方式必須有說服力

截至目前為止，我們一直都在談論內部世界——你、你的團隊、你的家庭。現在要開始討論外部世界：募資。不過我們從一開始就放大討論的格局，如果你在募資的同時，正打算招募員工該怎麼做呢？你正在跟供應商建立關係又該怎麼做呢？如果你是個營造商，且需要一名木工承包商，你肯定會想要談到更好的付款條件，而且希望他們優先完成你的工作。要達到上述這些期望，你必須制定一個極有說服力的願景，以及一份能夠證明你專業性的事業計畫。最理想的狀況是人們願意與你合作，最壞的情況是，雖然買賣不成但仁義在，因為人們對你有足夠的信心。

如今光會做事是不夠的，還要懂得幫自己宣傳。就連頻頻推出佳作的大導演詹姆斯・卡麥隆（James Cameron），也必須先提出他對某部影片的願景，才有可能讓電影公司願意出資數億美元，如果他不能打動對方，計畫可能就會胎死腹中。

無論你是想募集創業用的種子資金，還是開業十年後的增資，都有正確的募資方法，不過以下的過程是一樣的：

- 招募人員。
- 建立早期夥伴關係（供應商、合作夥伴等）。
- 從商業銀行獲得一筆貸款。
- 向投資金主募資。

無論是向誰募資，你都必須提出一套能令人信服的願景，知名作家賽門・西奈克曾說[62]：「人們在意的不是你做了什麼，而是你**為什麼**做。（People don't buy what you do. They buy why you do it.）」我希望你能牢記這句話，因為資金基石主要是理性，要靠你的願景所產生的信念和感性，為你提供動力，並獲得人們的青睞。你可以制定出世上最厲害的事業計畫，並做出最詳細的財務預測，但如果無法打動人們，他們根本懶得看你的計畫。

找到你的「為什麼」

正如西奈克所述，你必須清楚知道你們**為什麼**要推出這樣的產品或服務，並告訴大家。你是誰以及你們做了什麼是一回事，**為什麼**你們比較好則是另一回事。

時機至關重要，你最好現在就能回答**為什麼**，而且有充分的數據足以佐證。例如在全球衛星定位系統（GPS）和行動技術發展到能夠支援網路之前，Uber或Lyft很難打動投資金主。在偏見與對立充斥媒體之前，我們這種標榜客觀中立的新聞媒體其實也不是很受青睞。說真的，我能提出價值娛樂的願景，多虧了那些只報導片面之詞的媒體，他們只會拼命帶風向以激化對立，卻容不下客觀的辯論。

以下是你在向投資金主介紹自己公司之前必須回答的「為什麼」問題。

「為什麼」題庫

一、它為什麼不一樣？
二、為什麼現在需要它？
三、它為什麼還未發明出來？
四、為什麼別人很難複製你的想法？
五、為什麼你是打造它的合適人選？
六、為什麼有人會買它？
七、為什麼它能達到預期營收？（市場有多大？其中有多少人會購買？）

讓投資金主「看到」你的願景，切記：要言不繁

募資時要保持思路清晰且要言不繁。給投資金主看的事業計畫其實頗像履歷，內容必須簡明扼要，且應把重點濃縮在一頁紙以內。多使用動作動詞（action verbs）、多彰顯成就，說明要具體……不要說廢話。

令人詫異的是，很多人寫履歷時能做到簡單扼要，寫事業計畫時卻廢話連篇。還有些人喜歡帶一面白板隨行！他們會在上頭寫一堆縮寫詞和專業術語，以為這樣做會讓別人覺得他們很聰明，殊不知募資簡報的目的就是要讓投資金主**聽懂**你的訴求。

在說明你的願景時，不妨使用「請容我為你描繪這樣的畫面」或是「請你想像一下，如果有朝一日……」之類的引言，來訴諸人們的五感，好讓他們能**看到**和**感受到**你的願景。

要做到這一點，最好的辦法就是事先演練如何使用簡單明瞭的語言，來回答某些關鍵問題。

我們能勝出的原因是……

客戶最喜歡我們的……

我們與眾不同是因為……

我們之所以能迅速成長，是因為……

當初我在創辦自己的金融服務公司時，是這樣回答這些問題的。

我們能夠勝出的原因是……

現在的人口組成和行銷已經改變了，但保險業卻沒有與時俱進。一般公司的保險代理人都是年近六十的白人男性，他們很不會使用科技產品。而我們公司的保險代理人多半是年約三十多歲、從小使用社交媒體的拉丁裔女性。

客戶最喜歡我們的……

他們在我們身上看到了自己的身影；我們能理解他們的需求，我們改進了系統，不但減少了客戶需要做的文書工作，而且流程相當簡單。

我們與眾不同是因為……

我們只賣壽險，這樣可以提高招募人員的效率，並降低人事成本，且讓員工能更快開始賺錢。因為我們很擅長運用社交媒體，所以我們招攬客戶的成本比較低。

我們成長迅速是因為……

我們的文化與充滿雄心壯志的年輕人一拍即合，我們提供之通往財務自由的道路，是人人都可以複製並做到的。

你要反複練習這些敘述，直到你能脫口而出對答如流，你愈是能簡潔有力地表達你的願景，就愈能吸引投資人的注意。說完這些簡明扼要的回答後，接下來我要教你如何準備電梯簡報（elevator pitch）。

電梯簡報的三大要素

正確的故事加上正確例子，就能引起投資人的高度興趣，電梯簡報必須包含三大要素。

一、簡明扼要的口頭簡報（這是引起投資人注意的**鉤子**）。
二、由十五張投影片組成的完整簡報（用理性且一看就懂的方式呈現之**故事**）
三、引人入勝的口頭敘述（讓故事打動人心的**感性**說明）

電梯簡報——鉤子

已故的好萊塢編劇大師布萊克・史奈德（Blake Snyder）曾寫過一本關於電影編劇的巨作，名叫《先讓英雄救貓咪》（*Save the Cat*），他對電影標語（movie tagline*）的建議，頗值得大家參考。想像你和朋友或家人正在決定要看哪部電影，而電影標語必須在七秒內說明電影的內容，並吸引你們觀看。事實上你不買票的最大原因，是你不知道這部電影在講什麼，所以電影標語是不能使用「有點」、「大概」或「類似」之類的含混詞句，而應該這麼精準：改編自約翰・葛里遜小說的法律驚悚片，由席亞・李畢夫（Shia LaBeouf）和艾瑪・史東（Emma Stone）主演。這樣就夠了，真的，不要再多說了。

同理，你憑什麼認為別人願意花二十分鐘聽你推銷你的事業計畫（他們搞不好連兩分鐘都不給），所以你必須迅速引他們上鉤。

為什麼任何企業都必須備妥出色的電梯簡報？

- 讓你專心陳述（不會東拉西扯）。
- 快速告訴聽眾你的核心特質。

* 譯注：電影海報上的宣傳短句。

● 要求對方給個答覆。

必須涵蓋哪些內容？

● 問題所在。
● 你的解決方法。
● 你的關鍵優勢。
● 一些統計數字。

電梯簡報的四大規則

一、容易理解。任何投資人、合作夥伴或客戶都能輕鬆理解你的提案簡報——別一直撂行話！別讓聽眾滿頭問號。

• 要讓業外人士也能輕鬆理解，不要使用流行語、縮略語或行業術語，這些留到內部會議再說吧。

二、量化。用數字佐證——說明市場規模、你的銷售額，證明你不是紙上談兵，而是有一些證據的。

三、簡明扼要。在三十秒內一氣呵成地說完全部內容。

四、引人入勝。前三項必須說明你是誰、你是做什麼的，以及為什麼你的做法能勝出：

• 聽眾一聽就懂！
• 懂了就會心動！

史奈德的另一個建議我也非常認同，那就是不斷測試這套簡報的效果，而且不管認不認識對方都可練習。在排隊買咖啡時來一遍？讚！在健身房的練習空檔跟人說說？很好啊。在等待雲霄飛車的人龍裡試試？太棒了，完全沒浪費時間。

當我跟人們分享此一做法時，會聽到兩種反對意見，第一種反對意見很可笑，第二種反對意見則鮮少成立。第一類反對者認為普通人不夠聰明，不可能聽得懂他們的簡報，只有創投金主和私募股權公司之類的內行人，才能理解他們的觀點。我認為這樣的看法，這就好比詹姆斯．卡麥隆認為每個潛在的電影觀眾都需要有個電影博士學位才能看懂他的電影。事實上情況恰恰相反，就如前述，你的電梯簡報必須讓任何人都能聽懂。

至於第二類反對者，則是不希望自己的想法被別人竊取，但這種反對意見根本站不住腳，因為你的**想法**可能並不具有革命性：用更好的配料做出更好的披薩，並非需要申請專利保護的東西，真正值錢的東西是幕後的團隊和執行力。不願意分享簡報的真正原因，其實是害怕被打槍。但如果你想吸引員工、合作夥伴和投資金主，就必須跟對方分享你的願景，如果你的願景那麼容易被複製，那不就點出了它的問題嗎？

要製作你的電梯簡報，先來填空吧：

我的電梯簡報：

問題所在：我們看到的問題／市場上缺少什麼／什麼情況讓人們很不爽？

解決方案：我們公司用以下方式解決這個問題

關鍵優勢：我們的獨門絕技是

一些統計數字：我們的營收方式：

個案研究：Airbnb

這是Airbnb創立之初的故事。（本段內容並非原文照錄，而是經過我們公司的募資專家湯姆・艾斯沃思改寫，我們公司的募資問題，都是由他一手操辦。）

上網訂房的旅客多半很在意價格，而飯店住宿費往往是旅行最花錢的地方之一（問題所在）。另一方面，CouchSurfing之類的平台已經證明了，有超過五十萬人願意出借他們的沙發或空房間。（可以證明市場規模的數字）。

我們創建了一個能夠連結旅行者與當地人的平台，讓他們可以租用房間或甚至整棟屋子。旅行者可以省錢，在地人可以利用空房間賺錢（解決方案）。有別於詐騙案件層出不窮的Craigslist，我們的平台能提供保險和輕鬆訂房的便利性，而且僅收取一成的佣金（關鍵優勢）。二〇〇七年旅館的訂房收入為一千兩百二十億美元，只要擁有五％的市占率，就能帶來六十一億美元的年營收（數字、預估營收）。

聽起來很棒吧？

你有興趣聽聽完整的故事嗎？我可以到你的辦公室花半小時說完。

投影片簡報的重點內容

下一步是製作並分享由十五張投影片組成的完整簡報，記得要用極具感染力的用語向聽眾說明。它按照典型投資金主的思維，分成三個部分：

第一部分：問題所在、解決方案與推出時機

- 問題所在：
  - 顧客的痛點是什麼？
  - 他們現在是如何因應或解決的？
- 你的解決方案（產品／服務及其關鍵優勢）：
  - 你將如何解決顧客的問題或滿足其需求，以提升他們的生活品質，來提供你的價值？
  - 你有使用案例嗎？
- 你的商業模式：
  - 你如何獲得報酬？
- 為什麼是**現在**做這個？
  - 是什麼促使你在這個時候創立它？
  - 顧客準備好了嗎？

- 是什麼歷史促使**此刻**成為推出它的正確時機？

第二部分：市場、競爭和時間表

- 你服務的市場
- 競爭：對手是誰？永遠別以為自己天下無敵，消費者隨時都會有替代方案：在 Reddit 興起之前，人們是在 CompuServe 和 AOL 的聊天室交流；在網路聊天室興起之前，人們是在城市的廣場交流的。
- 時間歷程：你做這行多久了？迄今為止，你完成了哪些重要的里程碑？

第三部分：團隊、財務狀況和提問

- 團隊：你們的經驗從何而來？你最好交待一下你們的經歷，以證明你們有能力執行。
- 財務狀況：迄今為止的營收成果和未來的預估營收，你必須提出一些成果和一份務實的評估報告。
- 提問！你需要多少錢？股權、債務如何計算，這筆資金能維持多久？

募資簡報的感性層面——陳述

資訊經濟與網紅經濟的最大優點之一，就是有非常多專家提供建議，他們不但提供公式讓你照做，甚至還提供募資簡報的模板給你套用（真的是這樣）。但我絕不會要你照我的方式去做，不僅不要學我，也別學賈伯斯那套，至於惡名昭彰的血液檢測公司 Theranos 創辦人伊莉莎白．霍姆斯（Elizabeth Holmes）更是絕對不能學，不然早晚要進監獄。

事實上，做募資簡報的首要原則就是**做自己**，唯真不破。如果你是個只懂數字的書呆子，那就暢談數字吧。如果你是個只對科技有感的工程師，那麼聊技術就對了。如果你是個足球教練，那就帶上一個寫字板（clipboard），給投資金主來段你最擅長的精神喊話，並且不時拍拍他們的屁股，呃，或許不用那麼誇張啦。

總之做你自己就對了，但要拿捏好分寸：既要老神在在、又要帶點緊湊感。再沒有比跟別人分享你的願景更令你興奮的事了，如果連你自己都不興奮，別人也不會興奮。但我說的興奮並不是要你聲嘶力竭地振臂高呼，你只需說：「這個投資案讓我很興奮，因為……」接著講述一個令你如此興奮的真實故事，聽眾自然能感受到你的誠意。

每張投影片都需準備一段陳述，它們就像一個口述的頭條標題，但千萬不要照著投影片逐字唸稿，而應該帶著體育主播的熱情，挑選每張投影片的重點，以產生畫龍點睛的效果。

團隊、財務狀況和提問

我的公司值多少錢？我是如何提出這個估值的？這是大家最常問我的問題，其實這些東西只要看《創業鯊魚幫》（*Shark Tank*）節目就能找到答案。價值由一樣東西決定，但並不是你提出的那些數字。

價值來自於讓別人相信你的願景。預估營收是什麼？它們其實是對不確定的未來所做的猜測。人們是否會相信你的猜測（預估和預測只是猜測的花哨說法），取決於你如何訴說你的故事。看到這裡，你會不會覺得所謂有願景的人，其實就是能讓別人看到一個不存在的未來？而最最最有願景的人，則能光憑著「想像有朝一日……」的說法，就能讓別人開出鉅額支票。

我不打算在這裡討論公司估值的細節，但你在制定明年（以及未來二十年）的發展大計時，確實必須弄清楚你需要多少資金，以及如何募得資金。之前我們曾說過你必須知道公司的息稅折舊攤銷前利潤（EBITDA）是多少，不過新創公司因為沒有盈利，自然沒有EBITDA可言。所以重點又回到如何向別人推銷你的願景，在投資人開口問你需要多少資金之前，請確定以下幾點：

一、你需要多少錢？

二、你將放棄什麼，股權還是債務？

三、這筆錢能用多久？

四、這筆錢將用於何處？

如果你連半個顧客都沒有，卻告訴投資人這筆錢要用來建造豪華辦公室，相信沒人會買單。但如果你告訴他們這筆錢是用來支付你的薪水（金額必需合理），因為你必須辭去工作專心創業，他們會不會買單，就要看你的簡報內容，以及迄今為止你已取得的成就。如果你已經拿到訂單，就差資金到位來完成這些訂單，應該是最容易募到資金的。

我們曾在第四章看過艾力克斯・班克斯談說故事技巧的那篇推文[63]，他指出：「不要為了募資而推銷，你推銷是因為對自己能取得的成就感到無比興奮，馬斯克表明，光憑特斯拉是無法做到這一點的，資金其實是（投資金主）認同你的長期願景所帶來的副產品。」

在投資金主問你需要多少資金之前，你必須好好介紹你的團隊，並敘述他們的成功經驗，讓投資金主相信你們有能力落實願景。

本章的兩大基石

願景基石

行動方針：

一、知道你的願景之核心，以及你絕不會妥協的事物。

二、宣布你的願景，並確認它包含了以下三項要素：

a. 說明你將創造什麼，這是連接你的想像與未來現實之間的紐帶，讓你得以改變現狀。

b. 會對顧客或世界造成的影響。

c. 確定優先要務，它們會支持你的所有選擇，並指明方向。

三、想像你已是九十歲的老人，這能提醒你盡早努力，以免老大徒傷悲後悔不已。

四、籌辦一場意義非凡的活動，以建立你們公司的願景、價值觀和原則。

資金基石

行動方針：

一、找到你的關鍵優勢：這讓你得以說明所有的「**為什麼**」，以及是什麼讓你與眾不同的關鍵差異成為你的優勢。

二、備妥一份精煉簡潔的電梯簡報：以便隨時都能侃侃而談（在急診室、在排隊買咖啡，甚至是在等消防隊的時候！）。

三、去蕪存菁的簡報內容：每張幻燈片都有明確的目的，全無廢話。

四、做出有說服力的敘述：在提供理性內容的同時，用真誠的態度打動聽眾。

五、尊重聽眾：永遠、永遠、永遠站在聽眾的立場：

a. 憑什麼要他們感興趣？

b. 絕不浪費他們的時間。

c. 認真觀察聽眾的反應。

第 3 部

開始撰寫事業計畫

第十課

組裝所有基石，制定計畫

這一路走來，我們都在探索如何讓你成為一位敢於冒險的天選之人，你也已經聽了無數的故事和例子，我們的目標是讓你想出自己的計畫。希望你已經做了一些筆記，不過有些人喜歡先了解所有相關資訊才開始動筆，這也無妨。

現在我們可以開始把所有內容整合成一份完整的計畫了，雖然我建議你至少在每個基石都寫點東西，但更重要的是，你要制定你自己的事業計畫。有時你必須先了解規則，然後才能打破它們，要讓你的事業計畫成功，關鍵在於它能讓別人感覺這是**你自己**的心血。

現在的關鍵詞是去蕪存菁、寧缺勿濫、簡約制勝。

先把你的事業計畫拆解至最小的單位，而且封面加上十二大基石，最好不要超過三頁紙，因為這差不多就是你的大腦所能接受的全部內容了。

至於跟基石有關的其他一些項目，例如各項活動的行事曆，請另放別處。我將帶著你依序走完整個流程，首先是一些請你回答的問題，然後我會提供例子給你參考，這樣你們就能撰寫自己的基石了。

撰寫事業計畫的問題和提示

這是＿＿＿＿＿＿的一年（你的年度關鍵詞是什麼？神奇、成長、清晰、全心投入、改變規模）

這份計畫是為誰而制定的：

我自己
我的團隊
投資金主
以上皆是

本計畫是為______年度所制定的______年營運計畫。

回顧上一年：

上一年最大的收穫是______。

我的腦中全是______的想法，我將用______取而代之。

我要徹底消除______。

我不會讓______阻止我。

今年將有所不同，因為______。

一、敵人基石	二、競爭基石
• 最能激動人心的敵人是 ______________________________。 • 我今年鎖定的敵人是 ______________________________。 • 我們公司今年鎖定的敵人是 ______________________________。 • 當我們徹底打垮這個敵人時，我會感到________________________。 • 我們的慶功方式是 ______________________________。	• 主要的直接競爭對手是 ______________________________。 • 主要的間接競爭對手（因為對方握有另一種解決方案）是 ______________________________。 • 我不會低估__________，因為他們是個真實的威脅。 • 我要在__________市場找到利基，以便研究我的競爭對手。

三、意志基石	四、技能基石
• 我會成功，因為______________。 • 我必須成功，因為____________。 • 挖掘我的內心看起來就像 ______________________________。 • 我永遠不想聽到______________提起我。 • 我希望我有______________的好名聲。	• 我將聚焦的三大主要領域是 ______________________________。 • 我將閱讀______本有關這些主題的書籍。 • 我將參加______場大型會議和______場研討會。 • 我將改進__________（弱點），具體做法是__________。 • 為了汰弱為強，我將招募________（領域）的關鍵員工。 • 為了達到明年的預期目標，我必須增加______項技能。 • 我承諾要提升__________發展，包括公私兩方面都要做到。

五、使命基石	六、計畫基石
• 我要為之奮鬥的志業是________。 • 我要導正的不公不義是________。 • 我要發起的聖戰是____________。 • 令我煩惱的是________________。 • 令我討厭的是________________。 • 讓我熱愛的是________________。 • 如果我中了樂透，我會終身致力於____________________________。 • 我的使命是__________________，因為______________________________。	• 我完成了 SWOT 分析，其結果如下（僅分別列出一項）： 優勢 = ______________________。 弱點 = ______________________。 機會 = ______________________。 威脅 = ______________________。 • 我關注的重要人物是__________。 • 我關注的重要話題是__________。 • 我的危機管理計畫已經完成，且為最壞的情況做好了準備，我預測可能會遇到的危機包括__________。 • 我的年度行事曆已完成，我最期待的三個日期是：____________。

七、夢想基石	八、系統基石
• 最令我熱血沸騰的夢想是____________________________。 • 我的「想像有朝一日……」聲明______________和／願望清單是________（請列出五至七個）。 • 具體說出你的夢想，並設定實現夢想的截止日和獎勵。 • 我為夢想做的視覺提示是：____________________________。 • 我把夢想當成未來的事實說出來，並抱持夢想已經成為現實的心態活在當下。	• 我__________把我公私兩方面的生活都打點妥當，讓我得以買回時間、且分身有術。 • 我事業中最重要的三個公式是____________________________。 • 今年要擁有穩定營收的三個具體策略是__________。 • 我已經建立了收集、分析和運用數據的系統：________________。

九、文化基石	十、團隊基石
• 我們的文化定義是＿＿＿＿＿。 • 為了積極建立我們的文化，我會＿＿＿＿＿＿＿＿＿＿＿＿＿＿＿。 • 我會＿＿＿＿＿以便向客戶、員工及合作夥伴推介我們的文化。 • 符合我們文化的儀式和傳統是：＿＿＿＿＿＿＿＿＿＿＿＿＿＿＿。 • 我們的「員工福利」包括：＿＿＿＿＿＿＿＿＿＿＿＿＿＿＿。	• 我已經用隊友記分卡幫我的團隊成員評分（零至六十分），我最信賴的員工是＿＿＿＿＿＿＿＿。 • 我用＿＿＿＿＿＿＿＿＿＿＿＿讓員工擔起職責。 • 我會為＿＿＿＿＿職位找到搖滾明星級的員工，並樂意支付超出市場水準的高薪。

十一、願景基石	十二、資金基石
• 我對客戶和世界帶來的影響是＿＿＿＿＿＿＿＿＿＿＿＿＿＿＿。 • 我的主要原則和價值觀是＿＿＿＿＿＿＿＿＿＿＿＿＿＿＿。 • 我絕不妥協的是＿＿＿＿＿＿＿。 • 將於＿＿＿＿＿＿＿（日期）在＿＿＿＿＿＿＿（地點）舉辦一場極具意義的活動，來建立我們公司的願景、價值觀和原則。	• 我的個人特質是＿＿＿＿＿＿＿＿＿＿＿＿＿＿＿。 • 我在事業上的關鍵優勢是＿＿＿＿＿＿＿＿＿＿＿＿＿＿＿。 • 我的座右銘是＿＿＿＿＿＿＿＿。 • 我有一套簡潔有力的企業簡報，它搭配了極有說服力的敘述。不論是招募人才、跟供應商建立合作關係，或是籌募資金，我都會使用這套簡報。

幫助你完成事業計畫的問題與提示

一人公司的範例

下面這份事業計畫是由一位獨資經營者撰寫的。請注意，這份事業計畫同時涵蓋了他公私兩方面的生活，但因為是一人公司，我鼓勵你把二者合而為一，甚至可根據你個人的需求，只為你的個人生活制定一份計畫即可。每份事業計畫都是不一樣的，重點是制定你自己的計畫。

神奇的一年

這個計畫是為誰制定的：

我

與我共事的所有人，我的「團隊」

這是為二〇二四年制定的十年營運計畫。

回顧上一年：

上一年最大的收穫：專注是關鍵，自律才有自由。

我為了自己並不熱衷的專案而分心，我將會以那些能令我開心且會對他人產生影響的專案取而代之。

一、敵人基石	二、競爭基石
· 最令我不爽的敵人，是那些因為實力技高一籌而打敗我的同業。 · 我今年鎖定的敵人是虎頭蛇尾。 · 我的公司今年鎖定的敵人是行業龍頭，他們去年的營收超過我們。 · 當我打垮這個敵人時，我要打造一個最先進的家庭健身中心，我要成為最棒的自己，證明他們小看我了。	· 主要競爭對手是鎖定相同問題的其他網紅。 · 間接競爭對手則是應用程式和 DIY 解決方案。 · 我不會低估人工智慧的影響以及它把資訊商品化的能力。

我不會讓恐懼阻止我。

今年會不一樣的，因為我已經下定決心了，我知道如果我半途而廢，我會感覺很糟，如果我能貫徹始終，我的生活就會非常精彩。

三、意志基石	四、技能基石
• 我將會成功，因為我有才華、為人大方，且會為大家創造價值。 • 我必須成功，因為時間不多了，我不再年輕了。 • 我審視內心後得知，我想對世界做出重大貢獻。 • 我永遠不想聽到別人說我「白浪費了大好的潛能」。 • 我希望別人認為我是個很會帶人且信守承諾的智者。	• 我將聚焦的三大重點是履行、行銷和人際關係。 • 我將閱讀八本關於這些主題的書籍。 • 我要參加三場大型會議和研討會。 • 我將大膽行事但不會躁進以獲得改善。 • 我將聘請一位行銷高手、一家行銷公司，來彌補我不擅長外展（outreach）服務的弱點。 • 為了達到明年的預期目標，我必須增加人工智慧、寫作和行銷這三大技能。 • 我承諾我在公私兩方面都會全力配合發展這三大技能：行銷、人工智慧和線上培訓。

五、使命基石	六、計畫基石
• 我一直為之努力奮鬥的志業，是過個充實的人生（並向他人展示如何做到）。 • 我要導正的不公不義，是控制人們使他們做出錯誤決定的惡質營銷人員。 • 我要發起的聖戰是活得充實。 • 令我煩惱的是看到別人不開心。 • 令我討厭的是知道該做什麼卻不去做。 • 我喜歡的是看到人們產生了希望、並看到他們的生活改善了。 • 如果我中了樂透，我會終身致力於引導人們過個充實的人生。 • 我的使命是教育人們以增強其能力，因為我關心人們，並擁有能夠盡一份力的經驗和技能。	• 我完成了 SWOT 分析。 優勢 = 有愛心 弱點 = 行銷 機會 = 新書 威脅 = 自律 • 我關注的重要人士是詹姆斯・克利爾、安德魯・休伯曼（Andrew Huberman）以及喬・羅根（Jo Rogan）。 • 我關注的重要話題是網紅行銷以及工作與生活並重的趨勢。 • 我的危機管理計畫已經完成，且為最壞的情況做好了準備，我預測可能會遇到的危機包括惡性通膨、供應鏈問題以及行銷成本上升。 • 我的年度行事曆已完成，我最期待的三個日期是：新書出版日、播客上架日，以及義大利之行。

七、夢想基石	八、系統基石
• 最令我熱血沸騰的夢想是建立最厲害的夥伴關係，並影響數千萬人的生活。 • 想像有朝一日：我擁有一個像天堂般且能療癒人心的美滿家庭；我去主持《週六夜現場》（*Saturday Night Live*）節目；我擁有一檔在黃金時段播出的談話節目。 • 我為夢想做的視覺提示是：一塊願景板。 • 我把夢想當成未來的事實說了出來，並抱持夢想已經成為現實的心態活在當下。	• 我做事超級有條理、也很會理財，並雇用了一名私人教練，把我公私兩方面的生活都打點妥當，讓我得以買回時間、且分身有術。 • 我的事業中最重要的三個公式是：每天寫一千字、每週發表三篇文章，以及每週花三小時做公共服務。 • 我今年獲得收入的三個具體策略是持續寫部落格、建立社交媒體，以及工作全部如期完成。 • 我已經建立了收集、分析和運用數據的系統：我把它們全部外包給一家行銷公司。
九、文化基石	**十、團隊基石**
• 我的文化定義是：追求整體健康、萬事萬物皆重要。 • 為了積極打造這種文化，我堅持規律的作息，並不斷尋找神奇力量。 • 我身體力行此一文化，並向客戶、員工及合作夥伴推銷。 • 符合我文化的儀式和傳統包括：照顧好自己、音樂以及凝聚眾人。 • 我們的「員工福利」最貼切的描述是：你的人生因為我的出現而變得更美好。	• 我用親切、直接且真實的說話方式讓人們負起責任。 • 我讓人們遵守我們一致同意的目標和標準。 • 我會為行銷和編輯職位找到搖滾明星級的員工，並樂於支付超出業界水準的高薪。

十一、願景基石	十二、資金基石
• 我將對客戶和世界造成的影響：引導人們做出能夠產生成就感的決定。 • 我的主要原則和價值觀是：仁慈、感恩、愛與欣賞。 • 我絕不妥協的原則是：暴力、做事小心翼翼，名不副實。 • 我將於七月十日在聖多娜（Sedona，位於亞利桑納州的靈修聖地）舉辦一場極有意義的活動，以建立我們公司的願景、價值觀和原則。	• 我的個人特質：能考慮別人的立場，且擁有獨特的經歷。 • 我在事業上的關鍵優勢：有人情味。 • 我的座右銘是：教人們如何做出更好的決定，以過個充實的人生。 • 我能清楚描述我的網站與行銷素材。

看完上述範例後，我們就來檢視有哪些策略能幫你制定出最棒的事業計畫。

制定有效事業計畫的方法

一、抽出時間與你的團隊和家人一起制定計畫。

二、知道你是為誰而寫（個人、團隊、投資金主）。

三、讓計畫充滿感性，以激發你和團隊的熱情。

四、運用正確的策略把它分享出去。

五、把關鍵績效指標（KPIs）和激勵措施納入策略中，並認真追蹤施行成效。

六、計畫要夠簡單，方便每週查看，且不會因為計畫太難而無法前進。

七、提前發現問題，並擁有內建的應急計畫，以便做出關鍵轉折*（pivots）。

八、在每季季末檢討成效，研究趨勢並重新校準。

這是你的計畫

基石能為你提供指引和結構，與其長篇大論，不如提出精簡有力的聲明和計畫。我們的目標和議程都不一樣，所以答案沒有對錯。重點是保持簡單，並找到適當的平衡：夢想可以遠大，但目標要務實。同時記住，當你預先定好獎勵時，你就願意為了達成目標而不斷克服逆境。

* 譯注：根據你的產品和市場互動的結果，找到新的方向，並調整組織的策略後重新出發。

第十一課／推出事業計畫

領導者的最終考驗，是能否讓別人承襲其信念，並矢志貫徹下去。

——華特・李普曼（Walter Lippmann），作家、記者和政治評論家

你做到了！只有那些敢於冒險的天選之人，才能集齊十二塊基石，並制定自己的事業計畫。因為你付出了很少人願意付出的努力，所以你又朝創立一家可以傳承數代的企業邁進了一步。

現在的你可能很興奮，但也可能有點孤獨，因為撰寫事業計畫，通常是一個人的工作，至少初稿是如此。不過經營企業則不然。

這是個好消息，不過更棒的是，我將告訴你如何讓你付出的所有努力發揮最大的效益。兼具

感性和理性的你，肯定能讓今年成為有史以來最好的一年，同時還能讓你身邊的人也活出最精彩的一年。現在你需要制定一個策略，向每一個重要人士推出你的事業計畫。

無論此刻你正處於創業或人生的哪個階段，完成所有的基石都是必要且很有價值的。接下來的步驟將因人而異，如果你是一名想輟學創業的學生，頭一個要請他們「加入」（enroll）的人當然是你的爸媽，因為他們會提供你免費的食宿。如果你經營一家大企業，那你要邀請加入的對象可就多了，從投資金主到供應商再到合作夥伴，一個都不能漏掉。如果你是個銷售主管，除了你的團隊，就連你的老闆也當然不能放過，因為他可是手握資源分配大權的人，只要你的計畫夠厲害，那麼老闆就會把一大筆行銷預算撥給你。

你的目標是把寫的十二個基石變成一套簡報，但不是在向人們介紹你的計畫，而是把他們納入（enroll）你的計畫。

我是特意選用 enroll 這個字，因為如果用 enlist（入伍）這個字聽起來太激進，用 telling（告訴）聽起來又太無趣，enroll 則意味著你正在邀請他們加入。當你的事業計畫兼具感性和理性時，你不需要說破嘴用力推銷，你只需真實地跟大家分享，就能使人們加入。

基石全部到位後的步驟

接下來的九個步驟是：

一、跟一位你信得過的人分享你的計畫，此人最好是組織外的人，以獲得真實的回饋。

二、把計畫編輯和潤飾後大聲演練，直到你能完美掌握全部內容為止。

三、安排與重要的利害關係人開會，選對地點效果會更好（最好別在辦公室內舉辦，地點如果能與本年度的主題互相輝映就更棒了）。

四、完美呈現這份兼具理性和感性的簡報，先告訴他們**為什麼**要這麼做，然後向他們展示**如何**做到。

五、設定關鍵績效指標以及長、短期目標。

六、談定實現目標後的獎金、獎賞和獎勵。

七、為每個人制定全年計畫，並分派職責。

八、把計畫做成各種視覺提示（把它護貝起來、做成T恤或標語等）。

九、每隔一段適當的時間，定期衡量進度並修正方向。

聽起來是不是很費事？當然是這樣，想像你花了幾天時間，為未來一週的三餐寫了詳細的食譜，難道工作就到此結束了嗎？還是從那時起才真正開始？有了食譜是一回事，你還得採買食材、有合適的廚房設備，還要烹飪食物。然後下一週一切又得從頭來過。

或者換個比喻，你已經完成了創造這塊未經雕琢的花崗岩的個人工作，現在你要變身成雕刻家，開始對這個石塊精雕細琢，讓它變成一件栩栩如生的作品。但你不能草草了事，必須花點時間讓它沉澱下來，並確保**你自己**被打動了，其他人才有可能認同。

制定事業計畫的人愈多，組織就會變得更好

在討論推出的細節之前，我想先講個故事，這是我從一個在耶魯大學（Yale）上學的朋友那裡聽來的故事。他大一上學期時，選修了一門管理課程，在常春藤名校裡，老師授課時會把學生看成未來的高階主管，所以她問學生們入職時最看重雇主提供哪些東西，排名依序是自主權、升職空間和成長。然後她又問他們，普通員工會看重哪些東西，排名依序是薪水、福利和休假。

教授接著問大家：「為什麼你們會認為你們在意的東西跟普通員工不同？」她分享了一些統計數據，顯示組織中不同級別的人，在意的東西其實是一樣的，此舉讓班上的學生做了一番反思。她並沒有直接責怪他們，但確實暗示他們這群十八歲的人中龍鳳，對於所有人在意的東西，做出了十分離譜的誤判。我的朋友走進教室時可能並不知情，但帶著重要的一課走出教室：那就

是——人們想要的東西通常是一樣的。

我之所以要提到這一點，是因為你可能想知道，你的組織中是否每個人都有必要制定自己的計畫，答案是每個人都應該有這個機會。如果有家公司裡的每個人都花時間規畫自己的成功，從而弄清楚自己這輩子想要做什麼，你難道不想待在這樣的公司裡（或是領導這家公司）？我個人肯定想在這樣的公司工作，而且我可以告訴你，制定事業計畫的人愈多，組織就會變得更好。我之所以寫這本書，也是為了讓每個人都獲得撰寫事業計畫的公式。

請你記住，大多數人都沒什麼遠見，所以無法延遲滿足感，但這兩件事卻是息息相關的。教大家如何撰寫事業計畫，他們的自律性就會提高。

你認為此原則也適用於門房或接待人員嗎？或是換個方式問：撰寫事業計畫對誰是無用的？你能想像你去問你們公司的接待員或實習生：「你想成為什麼樣的人？五年後你會過著什麼樣的生活？」

他們很可能會告訴你，以前從來沒有人問過這些問題，請你表現出你的關心，並指導他們回答這些問題，你可能會發現他們變了個人。他們會更努力追求卓越，結果不僅績效改善了，而且他們極可能成為公司的鐵粉和旗手。我敢打賭，他們一定會告訴他們的家人和朋友，你是第一個關心他們未來的人。

我曾向我們公司的一位初級行銷人員提出這些問題，經過一番試探，你想必也猜到了，我問他有沒有敵人，或是否有人說他這輩子不會有出息，然後我問他：「你想過著輕鬆安逸的生活，還是想賺更多的錢，並在事業上更上一層樓？」他說他選擇前者。

隔天他來辦公室找我，說他昨晚幾乎徹夜未眠，因為他一直在思考我的問題。他說他叔叔老說他這輩子肯定一事無成，雖然他的爸媽沒有指責他，但也沒有為他辯護。當他想到想過著輕鬆安逸的生活，不就證明他叔叔說對了嗎？於是他的想法改變了，而我們也直接進入基石階段，我們立刻一起確認他需要增加哪些技能，才能達到更高的水準，我問：「你需要做些什麼才能實現你的目標？你需要哪些硬技能？需要哪些軟技能？」

我只不過是提出了問題，就促使他的想法和答案徹底改變了，而且根據我過去六個月的觀察，即使他在三十歲之前就成為行銷部門的主管，我一點也不會感到驚訝。

如果你覺得十二塊基石對某些人來說太多了，我另外創建了可能更適合他們的濃縮版事業計畫，那就是附錄 B 的「一頁式事業計畫」，你可以到 chooseyourenemywisely.com 網站下載 PDF 檔，以及觀看「如何撰寫一頁式事業計畫」影片。我現在才提出這些資訊，是因為我想先帶領你們這些敢於冒險的天選之人，認識全部十二個基石。一頁式事業計畫可能比較適合你的某些員工、實習生，甚至是你的孩子。如果你發現有人無法完成一般的事業計畫，就改讓他們填寫一頁式事業計畫。

我已經再三提醒你，不了解別人的基石，就不可能成為一名優秀的領導者。我的同儕都告訴我，我很擅長激將法，那你們猜我是怎麼知道他們的「要害」？我會問對方有什麼願景，他們的敵人是誰，他們在為什麼樣的人工作。我從不會要求別人實現我的夢想和目標，而是要他們找出自己的夢想和目標——那些他們花了時間寫在事業計畫裡的夢想和目標。若沒有收集這些資訊，也不盤點一個人的基石，你就無法有效領導他們。

教別人如何寫出自己的事業計畫

如前所述，你的組織裡完成事業計畫的人愈多，對你的組織就愈有利。但你不能沒教大家如何撰寫事業計畫，就要求每個人都要寫，這樣不僅會讓大家感到沮喪，還會覺得是在浪費時間。

但這並不表示必須由你親自負責培訓，如果你的人力資源總監很能幹，此人可能就是負責這項工作的適當人選。況且有些人可能不願意跟執行長分享他們的事業計畫，所以找一個大家都信任且沒那麼害怕的人來主其事也好。當然也可以交由各部門主管負責指導其直屬部下，如果是這樣的安排，那身為老闆的你則要負責指導各部門的主管。

另一個關鍵是要有範例，但不一定要是你的範例。面對空白的基石想不出要寫些什麼是很正常的，你並不需要提供很多選項給他們選擇，而是要給他們一些提示和例子，最好是以能讓他們有感的人為例。就以願景來說吧，如果你說了「稱霸全世界」或「顛覆整個行業」之類的大話，他們就不知道該在自己的計畫中寫些什麼了。倒不如舉出「我必須參加 Udemy 的網頁設計課程、學習義大利語會話、存下一萬五千美元做為買房的頭期款」這類例子。

我之前曾提過的鮑勃·科茲納，不僅是美國壽險行銷協會的主席，以及我們公司的董事會成員，還曾在哈特福人壽保險公司（Hartford Life）擔任執行副總裁長達三十年之久。他教了我很多關於撰寫事業計畫的知識，他很清楚空白的一頁有多麼令人望而生畏，所以他會提出一些具體的問題，來引導人們在制定事業計畫時找到自己的答案。科茲納說：

> 銷售人員很擅長填寫數字，所以我創造了一種格式，幫助他們成功制定事業計畫，我會利用數字引導他們自己做出結論。例如問：你明年想賺多少錢？你去年想賺多少？你的做法該有什麼不同？
>
> 我的格式是帶著他們了解自己該做些什麼，透過消除過程中的摩擦，你可以讓他們自己看到，他們想做什麼和需要做什麼。

如果你能盡力讓更多人都去制定他們的新年計畫，包括你的孩子、近親、你的私人助理，以及你的供應商，那就太棒啦。事實上，在這個過程中給予支持，不但能幫大家順利完成計畫，你還會被視為一個好親戚、好朋友及好夥伴。

時機和順序

我很講究一件事：正確安排事件的順序。提出計畫的時機至關重要，有種做法是與每個人完成他們自己的計畫，然後大家聚集起來一起分享。在該次會議中，你向大家展示你的計畫，也就是公司的總體計畫，然後團隊中的人便可以根據你的說明，對自己的計畫進行補充。例如你的願景中有一部分是進軍南美市場，且由團隊中的某個人負責主導，那此人的計畫就會有所變更。

假設此時快到年末了，時間的安排可能是這樣：

十月一日：宣布十二月的業務規畫活動的地點和日期。宣布十一月的事業計畫培訓的日期和時間，並說清楚完成事業計畫是參加培訓的先決條件。

十一月十五日：安排兩小時的 Zoom 視訊會議，教大家如何完成事業計畫。

十一月二十二日和二十九日：可選擇在「上班時間」回答有關事業計畫的問題。

十二月六日：執行長透過 Zoom 視訊會議說明事業計畫的重要性，如果執行長並非負責培訓的人，那麼此次會議格外重要。

十二月十五日和十六日：現場研討會（一天即可，兩天則更好）。異地培訓不錯，到遠離總公司的地方舉辦更棒。

十二月二十九日：提交研討會要用的視覺材料（visuals）以及待辦事項的截止日。

翌年：

三月二十九日、六月二十九日、九月二十九日：召開 Zoom 視訊會議，檢討責任歸屬與進行每季的例行修正。

想想過去你寫過和收到的事業計畫中，是不是常有敷衍之作。在我開始教大家用十二基石撰寫事業計畫之前，大多數人都只在半頁紙上湊出幾個重點就交差了。但現在請你想像一下，看到上面我為撰寫事業計畫安排了這麼多活動，誰還敢不好好寫計畫就來參加研討會。首先，我已經安排人教他們該怎麼寫；其次，我也安排了可選擇在「上班時間」回答相關問題，這樣他們就再沒藉口說：我不知道該寫什麼。再者，當你的團隊看到你安排得如此面面俱到時，他們就會認真聽從你的領導。按照我剛才示範的時間表，誰還敢說他寫不出一份有效的事業計畫、所以沒法獲得成果豐碩的一年？

你必須自己掌握適當的時機，我提供的行事曆只是給大家參考的範例，說明它的安排必須多麼精確和詳細。如果你的事業計畫中最重要的部分是募資，那你的行事曆就會大不相同，因為聘請到關鍵人物，然後開始準備募資簡報並與投資金主接洽，恐怕要花上好幾個月的時間。

關鍵重點包括：

一、排序
二、精確
三、投入
四、上行下效（由你定調）

推銷你的計畫

選擇在哪裡傳達你的計畫，效果會大不相同。怎樣最能激動人心？有時你必須帶著團隊到遠離塵囂的世外桃源，我曾在加州的度假聖地棕櫚泉（Palm Springs）以及、蒙大拿州（Montana）的滑雪聖地懷特菲什（White Fish）租過豪宅，在科羅拉多州（Colorado）的滑雪聖地亞斯本（Aspen）租過滑雪小屋，還曾在紐約長島（Long Island）租過奧赫卡城堡（Oheka Castle）。

會議結束後，必須及時跟進計畫推出後的項目。專案完成的項目以及下一步措施很重要。為什麼細節如此重要？因為你必須讓大家看到你很重視你提出的這些願景，你自己的投入程度以及你對計畫的重視程度，會讓大家看齊。

請記住，你要的是人們主動加入，而非強制加入。你的簡報要讓人聽起來覺得很溫馨且鼓舞人心。你要讓人們感受到你的能量爆棚，你要用簡單明瞭的方式推銷你的夢想和志業。

每個業務員都明白這個道理：在簡報過程中，潛在客戶只想知道「這玩意兒對我有什麼好處？」但糟糕的業務員卻拼命講細節或自己的目標，厲害業務員的簡報則會貼近潛在客戶的需求和欲望。

當你向員工推銷你的夢想時，你要讓他們看到夢想的模樣，你要一遍又一遍請他們：「想像有朝一日……」

你要讓他們知道：成功後會得到什麼回報？會對他們的金錢、事業、歷史、個人的傳承和家庭產生什麼樣的影響？當他們脫胎換骨變成一個全新且更好的自己時，會是什麼感覺。

十二基石的感性和理性需保持平衡，不能偏重某一方，這樣的設計讓你能流暢且面面俱到地完成你的簡報。雖然你要從感性層面上打動大家，但如果缺乏理性的做法，他們就會質疑你要如何執行。當你激起大夥的士氣後，你的事業計畫就會推動你身邊的每個人往前衝。

獎勵由大家一起決定

領導者必須在廣徵眾意和自行決定之間取得平衡，例如在家工作的政策必須由你來決定，你當然可以徵求大家的意見並請教別人，但這件事必須由你裁奪而非交由大家投票表決。

但是說到獎勵，我就很樂於聽聽大家的意見。當你設定了難如登天的目標（BHAG）時，不妨問問你的團隊，當他們實現這麼困難的目標時，他們想要什麼獎勵。這麼做會讓人感受到實現目標時的激動心情，你可以想像團隊裡的某個人（也許是你們的王牌業務員）說出這樣的話：「當我們達成目標時，大夥都會得到一套量身定製的高級西裝、一支勞力士手錶或一個古馳（Gucci）的皮包，然後大夥一起飛到牙買加，跟歌手理奇．馬利（Ziggy Marley）一起參加海灘派對。」之類的話。

此時身為老闆的你只要問大家：「這就是你們要的獎勵嗎？每個人都同意嗎？」當你聽到歡聲雷動就知道大家都同意了，如果反應不夠熱烈，就得重新思考別的獎勵方式。我還有一招保證讓大家嗨翻天：「約翰，你真的認為你今年能做到五千五百萬美元的業績嗎？你真的很想要那輛麥拉倫超跑（McLaren）嗎？你看這樣行不行：如果你做到六千五百萬，我就給你們夫妻各買一輛如何？」

你的大方會讓你的員工敢於做大夢，你讓他們「看到了」成功的模樣，不過你不必打腫臉充胖子，非得送出兩輛麥拉倫超跑。除非是毛利極薄的產業，否則看到團隊裡的夫妻檔做出六千五百萬美元的佳績，你肯定不會捨不得花這筆錢。

你還可以利用這個時機讓大家互相挑戰，例如有人宣布自己的目標卻遭到別人的質疑時，你就可以趁機宣布：「我看這樣好了，我會送給贏的那一隊每人三雙名牌高跟鞋，輸的那一隊則必須幫對方擦鞋。」

在這個事業計畫的發布過程中，即便你的團隊士氣高昂，不要以為他們會一直保持這麼高的士氣並順利完成任務，但身為領導者的你必須從頭到尾持續投入計畫。

你至少要每週一次，向團隊推銷這些基石，並提醒他們按照這些基石，實現他們自己訂下的目標並獲得獎勵。不要以為人們加入後就會一直努力打拼，你必須持續對他們耳提面命並加油打氣。這就是為什麼你需要製作一些視覺材料，把你們的計畫護貝，並且製作印有年度關鍵字的T恤。如果你的天性不是一個有遠見的人，你不可能會在某天醒來後突然變成這種人，所以你必須隨時提醒大家，並在他們努力實現願景時給予獎勵。

讓員工負起職責

語言很重要，就像你要經常使用夢想語言，對大家說「想像有朝一日……」這種能激勵人心的語句。你還必須使用問責的語言，使用正確的問責語言能帶來正確的結果：「你現在做到哪裡了？現在的情況如何？你有超前截止日嗎？」這些問句並沒有什麼特殊的魔力，你只是想要得知真實的情況。

誰對你負責？你如何問責他？多久問責一次？

你要對誰負責？他如何問責你？多久問責一次？

為了落實你們的計畫，你必須安排互相問責的夥伴以達到制衡。首先評估一下你現在這方面做得如何，你的問責做得夠好嗎？你是否很善於讓員工承擔責任？你是怎麼辦到的？如果你不擅長，最常見的原因是你沒有適當的工具去管理衝突或你害怕得罪人，為了讓每個人都擔起應負的責任，你必須立即補好前述兩個漏洞。歡迎你參考我常用的一句話，那就是：「你現在可能會恨我，但二十年後你會愛我。」

請你幫自己在以下各方面的表現打分（從一到五分）：

＿＿建立關係。

＿＿檢查你的期望。

＿＿給出最後期限並要人們負起責任。

＿＿培養負責任的心態。

＿＿以身作則。

＿＿營造一個競爭的環境。

關鍵在領導人

事業計畫和新創公司有許多共同點，人們只管細節、簡報和技術，但其實最重要的是人。哈佛商學院曾發表一篇報告[64]，標題為「風險投資人如何做出決策？」（How Do Venture Capitalists Make Decisions），我摘錄了其中一小段內容：

> 我們調查了六百八十一家創投公司裡的八百八十五名機構風險投資人……在選擇投資標

> 的時，他們對管理團隊的重視程度，高過跟業務有關的事物（例如產品或技術）。他們還說最終決定投資與否的關鍵，其實是管理團隊而非業務。

《創業鯊魚幫》讓大眾得以一窺創業是怎麼回事，但可惜太多人誤以為擁有獨特的產品或專利是最重要的，殊不知最重要的其實是領導人。我投資的是領導人而非公司，厲害的想法不會令我感到興奮，但優秀的企業家可以；我不相信技術，但我相信執行長。

就像一家公司會投入大量精力於研發產品，我們也投入大量精力填寫事業計畫的所有基石，雖然這十二塊基石確實重要，但最重要的是你自己！

這份事業計畫讓你知道自己的優勢所在，也學會了如何買回時間和提高效率，並認清你的威脅和漏洞，所以你能做出最佳表現。這是一份面面俱到的計畫，因為你成功的唯一途徑就是在態度、技能、組織和精力都保持最佳狀態。

你如何運用這個計畫，加速你的業務發展，並使你達到一個全新的高度？你不能光做好一件事，而是要做好十二件事。你要花時間展望未來的生活，想像你的成功和遺憾。你必須懷揣夢想，並發揮想像力，不斷告訴自己：「想像有朝一日……」並養成實現夢想的習慣，同時從經常呈現在你眼前的視覺提示中獲得靈感，知道自己想打敗誰可以讓你保持高昂的鬥志。

當你兌現自己的承諾時，你會獲得新的自信，別人也會對你另眼相看，因為你脫胎換骨改頭換面了，你發自內心地相信自己會說到做到。

我經常問其他領導者一個問題：「我能兌現你說的話嗎？」如果他們不明白我的意思，我就換一種問法：「你說的話是保證支付的銀行本票，還是會跳票的芭樂票？」

如果人們能兌現你的話，你的可信度評分就會高到破表，而你的可信度評分是你過去曾做過的每一項承諾的記錄。當你的可信度評分上升，你就會開始相信自己，當信心持續增強，你就會不斷旗開得勝。

至於你不再試圖改變、不再告訴他們該怎麼做的那些人，會變成怎樣呢？

他們會有樣學樣。

當你說到做到、信守自己的承諾，你便向他們展示了這個公式。當你信守你對自己和他人做出的承諾，你便向他們展示了你的能力，這就是領導力，這就是改變你和許多家庭的力量。

＊　＊　＊

現在你已經知道自己做好了充分的準備，我希望你能把注意力轉移到幫助他人做出最佳表現。要想讓這一年成為你有史以來最棒的一年，那麼你身邊的大多數人也必須做到這樣。而領導他們的關鍵第一步，就是指導他們完成事業計畫，但你絕對不能幫他們做，你只需提出問題以及提供指導，他們自然能夠探索內心並找到答案，而你也會成為一名高效能的領導者。

當你完成所有基石時，就會明白什麼是最重要的。擁有一位會對你問責的領導者也很有幫助，當年傑克．威爾許在奇異公司擔任初級化學工程師時曾想辭職，幸好職場裡有位導師苦勸才把他留了下來。二十年後，威爾許成為公司最年輕的董事長兼執行長。不論你喜不喜歡他，在他擔任執行長期間，奇異公司的市值從一九八一年他上任時的一百二十億美元，到二〇〇一年他退休時，已爆增至四千一百億美元。

威爾許的故事與大多數人有什麼共同點？幾乎每個人的生命中都有一位**領導者**，這是個相信他的人，此人或許是教練，或許是主管，或許是親戚。**世上最能激勵人心的人，就是信守承諾的領導者，這就是為什麼領導者是企業成功的首要指標。**

再周密的計畫，也無法保證能讓人管好自己（包括你本人）。人非聖賢，當遇上不順心的時候，他們就會偏離常軌，你必須在他們身邊讓他們保持專注。你必須不斷提醒他們什麼事情對他們最重要，不過你的提醒方式要因人而異，有些人必須用敵人或黑粉來提醒他們，有些人則會對免於恐懼更有感，有些人則亟欲實現目標，能對症下藥是所有英明領導者必定具備的第六感。

第十二課

結語

X的，跟老子打個賭吧，來賭呀。

跟我說那事不會成，跟我說它會失敗，但我愛它，分分鐘都樂在其中。

——達納．懷特（Dana White），終極格鬥錦標賽（UFC）總裁

二〇一二年三月十八日，史考特．佩利（Scott Pelley）在《六十分鐘》（60 Minutes）節目中訪問了馬斯克，暢談太空探索的話題。當時馬斯克四十一歲，身家約二十億美元，特斯拉的市值雖達三十六億美元，但看好它的人並不多，而懷疑馬斯克能力的人則有一大票。許多人都說他是趁著 eBay 以十五億美元收購 PayPal 時，賣掉自己的股份而爽賺一．八億美元。

訪談過程十分感性，佩利看著馬斯克說：「你知道有些美國英雄並不喜歡這件事嗎？尼爾．

阿姆斯壯（Neil Armstrong，第一位踏上月球的太空人）和尤金．塞南（Eugene Cernan，曾三度執行太空任務的太空人）都曾到國會作證，反對商業太空飛行，也反對你們的開發方式，請說說你的想法。」

大多數上《六十分鐘》節目的執行長看起來就跟機器人一樣，他們已經被訓練得不輕易表達個人的情緒，但馬斯克不一樣，你立刻看到他淚如泉湧，而且他也不打算忍住眼淚。他回答說：「我真的很傷心，因為他們都是我崇拜的英雄，所以我真的很難過。」

佩利接著又問：「是他們激勵你這麼做的，對吧？」

「是的。」

「看著他們朝你丟石頭……」

「真的很難受。」

此時馬斯克露出了失望的神情。

「你希望他們為你歡呼嗎？」

「當然希望。」

「你想向他們證明什麼？」

「我想讓太空飛行出現重大改變，讓幾乎所有人都能享受太空飛行。」

每次觀看這段採訪，我都還是會起雞皮疙瘩。請你想像有人正在訪問你，還提到了你崇拜的英雄、你的心碎經歷還有你的夢想，你不會激動嗎？如果會，你要如何處理這種情緒？如果你真的很激動，你有化悲憤為力量的計畫嗎？

在那次採訪後的十年間，特斯拉的市值從三十六億美元，迅速突破一兆美元，是史上第二快的公司（最快的公司是Facebook，僅花了九年時間，特斯拉則用了十二年）。SpaceX的獵鷹重型火箭在二〇一八年將一輛特斯拉跑車送入環繞太陽飛行的軌道，成為第一家把液體推進劑火箭送上軌道的民營公司，而且還把三個推進器送回地球著陸。緊接著SpaceX在翌年成為第一家自主停靠國際太空站的民營公司，而馬斯克的身價也隨著股價的波動而成為世界上數一數二的富豪。

我們之所以會聊到馬斯克，是因為他實現了自己的願景，以及難如登天的宏大目標。想想他成功的關鍵是什麼，應是明智之舉。

是因為他認準了競爭態勢，還是因為他有著不為人知的敵人（包括內部和外部的）？

是因為他持續增加技能，還是他必定要成功的意志？

是因為他有高明的策略性計畫，還是因為他有令人信服的使命？

是因為他有能擴大公司規模的系統，還是因為他有十分迷人的夢想？

是因為他組成了正確的團隊，還是因為他建立了正確的文化？

是因為他募集了大量資金，還是因為他懂得如何讓大家認同他的願景？

選邊站是很誘人的，人們會自然而然地選擇從感性或理性的角度來思考問題，但我們知道最好別這麼做。我希望你在前面的問題中看到了十二個基石，並很快領悟到馬斯克的成功是因為匯集了這十二個基石。

還有一個問題頗值得一問：馬斯克最先想到的是什麼？他是先有了一個進入太空的理性計畫，然後再訴諸感性來激勵自己嗎？還是他有個始於童年的願望，當時他靠著閱讀《銀河便車指南》（*Hitchhiker's Guide to the Galaxy*）一書，來療癒被父親虐待的心靈創傷？

當馬斯克從出售 PayPal 股票的交易中獲得一・八億美元時，他必須做出許多選擇，在決定把錢投入哪裡之前，他必須知道自己的願景和計畫。他大可以選擇放鬆一下大肆慶祝他的成功，像是駕著帆船環遊世界，或是在一座島上過著愜意的生活，但這顯然不能滿足他內心最深處的欲望，所以他才會把賣股得來的錢全數投入三家公司：一億美元投資 SpaceX、七千萬美元投資特斯拉，一千萬美元投資太陽城公司（Solar City）。他是個一心只想賺錢的人，還是說他賺錢是為了實現自己的雄心？

你硬要我只能選擇一個讓馬斯克成功的原因是什麼？

那我會說是因為他明智地選擇了他的敵人……而且不斷找到新的敵人。

假設你製造出一輛十分厲害的好車：八百匹馬力，令人讚歎的底盤，從零加速到九十公里只需二點八秒。但光有這些優異的性能是無法讓車子動起來的，你還需要別的東西才能驅動它。

你還需要汽油，也就是燃料。

只要你招募到敵人，你就有了燃料，沒有別的東西能產生那樣的情緒，這就是為什麼你必須明智地選擇你的敵人。

我已再三強調，事業計畫首先必須打動你，如果你沒有被打動、就不會產生那樣的情緒，也就很難堅持到底。在你內心不斷湧現的情緒，會經常提醒你為什麼要這麼努力，只要你懂得如何提出正確的問題，引出你內心最深處的願望（就像佩利對馬斯克做的），你的計畫就有了全新的意義。

我還相信光有情緒是不夠的，馬斯克和我們所有人一樣，需要一份理性的計畫，精確詳細地說明要如何引導這些情緒。感性是你的**為什麼**，理性則是**如何**做，它引導你採取具體的行動，讓你得以開創一份事業，擴大事業的規模，並將所有事物組合起來，設計出你的夢想生活。如果你花了時間撰寫計畫，並全心全意地執行，就能改變你的人生軌跡。

完成全部十二塊基石，你就通過了測試，並做好準備，迎接最美好的一年，而最好的一年讓你離最好的生活又近了一步。

對於那些追求更美好生活的人來說，創業可能就是答案。但創業不是件易事，挑戰幾乎無所不在，而最大的挑戰莫過於起步階段。夢想家需要指導，創業家需要工具，企業領導人則需要一份容易理解且切實可行的計畫。

當我尋找撰寫事業計畫所需的指導和建議時，卻遍尋不著，這就是你手上會出現這本書的原因。有了它，你便有了一本完整的指南，它將教你如何使你的事業計畫獲得成功。

我的為什麼是影響力。

我的為什麼是希望。

我的為什麼是用商業解決世界上最大的問題。

我今天所擁有的一切，多虧了我在二十一年前選擇了正確的敵人。如果你已經準備好建立一個傳承數代的企業，那你只需做一件事：明智地選擇你的敵人。

派崔克·貝大衛的謝辭

願景和挑戰愈大，你就愈需要更厲害的團隊，而本書從一開始就充滿了挑戰。出版商說要寫出一本讓人看了興致高昂的商業規畫類書籍是很難的，他們還說若要完全按照我的要求，根本就不可能辦到：我希望這本書適合各種人——創辦人、內部創業者、個人創業者、銷售主管以及《財星》五百強企業的執行長，也適合各種行業——商界、政界、體育、軍事、銷售和宗教界，最重要的是，我想為我最尊敬的那些人——企業家以及願意上場競爭的人，提供一些可以改變遊戲規則的東西。

不過眾人眼中的問題，在我眼中卻是商機，如果我問你哪本企管書最棒，你肯定馬上就能說出來，領導力、銷售和策略類的專書也是如此。但如果我問你哪本商業規畫類的專書最棒，你肯定答不出來，這是因為從來沒有人寫過一本關於如何撰寫事業計畫的專書，所以我們決定組團接下此一挑戰。

寫這本書需要網羅一群奇才，而 Adrian Zackheim 被視為最棒的商業書發行人，當我第一次向他提出這個構想時，他立刻就被說服了，而且興致比我還高，甚至已經想出讓這本書變得更好的方法。但如果沒有我的經紀人 Jan 和 Austin Miller 從頭到尾的陪伴，這一切就不會發生。

當我跟 Adrian 和他的團隊交談時，他們對細節的一絲不苟令我折服，光是討論書名我們就開了六次 Zoom 視訊會議。我還要感謝 Niki Papadopoulos 與 Megan McCormack 對稿子的投入。

我十分重視忠誠度，原因之一是它能讓我買回時間。葛雷格．丁金曾與我合著《步步為贏》一書，Mario Aguilar 和 Kai Lode 則是最棒的編輯和撰稿人，因此他們是第一批被網羅進團隊的人。《步步為贏》在二〇二〇年八月一出版便登上《華爾街日報》暢銷書榜首，且在三年後的今天繼續熱銷。因為我想再寫一本長銷書，所以我們原班人馬便再度攜手合作。

我的私人團隊一直都在，我要感謝我的爸媽，蓋布瑞爾．貝大衛和戴安娜．柏格霍仙，沒有他們就沒有今天的我。我爸跟我們住在一起，我真的覺得很幸福，也很感恩我們在一起的每一刻。我還要感謝我的賢內助珍妮佛，一直支持著我，她的好幫手 Melva 已經跟著我們十五年了，早就成了我們家庭的一員。

我的四個孩子：派崔克（十一歲）、狄倫（十歲）、賽娜（七歲）以及布魯克琳（兩歲），他們照亮了我的生活，讓我努力掙來的一切變得更有價值，並讓我充滿活力。我很高興我姐Polet 和我姐夫 Siamak Sabetimani 以及他們的兩個孩子 Grace（十五歲）和 Sean（十四歲）跟我們住得很近，並成為我孩子的好榜樣。

說到榜樣，就不得不提到我的商業老師湯姆・艾斯沃思和他太太金咪，他們夫妻與我們親如一家人。在我們撰寫本書期間，我的公司正在談判一項退場交易，我和湯姆在摩納哥時徹夜未能成眠，因為涉及的金額高達數億美元，幸好湯姆不負眾望，在關鍵時刻做出了最棒的決定。

我對馬里奧・艾吉拉的感謝溢於言表，十八年來他一直陪在我身邊，對我忠心耿耿。他老婆芭比是個旺夫的賢內助，他們的兒子嘉布瑞爾的出生，更是讓大家樂翻天的大喜事。

我由衷感謝 PHP 保險代理公司的領導團隊，他們在前景不看好的時候認同我提出的願景。我首先要感謝現任總裁梅若・柯希仙，以及大總管提格蘭・貝克安，一直做我的堅強後盾。

我還要感謝以下這群主管，感謝他們的用心、專注和才華，使我們成為一家擁有超過四萬四千名保險代理人的公司：馬特與希娜・薩寶拉、魯道夫與希希莉亞・瓦加斯、Jose 與 Marlene Gaytan、Jorge Pelayo、Jonathan Mason、Andrew 與 Jennifer Gaines、Ricky 與 Erika Aguilar、Chris 與 Vicena Hart，以及 Hector 與 Erika Del Toro。

我還要感謝核心圈子裡的 Sam Carvajal、Leo 與 Clarissa Martinez，以及 Robert O'Rourke.

如果沒有數百萬關注我們的鐵粉和企業家，我就不會寫這本書或創作新的內容，我非常感謝你，你們給了我源源不絕的力量。我還要特別感謝以下幾位人士，為本書提供寶貴的真知灼見：Andy Beery、Tim Ardam，以及鮑勃・科茲納。

我也要感謝我所有的敵人，那些懷疑我的人在我心中有著特殊的地位，我很想列出他們的名字，反正只有他們自己知道我在說誰。我希望你知道我愛你們，且非常感謝你們，我很高興我明智地選擇了你們，但現在我要去對付新的敵人了。

最後（但絕非最不重要的一點），我要感謝上帝，人在諸事不順時，就會向上帝禱告，但是當事情開始順利時，卻把功勞全都歸給自己，而忘了曾經跪地祈禱的往事。我永遠感謝上帝的賜福，它們是如此的不可思議，隨著年齡的增長，我益發明白上帝為什麼要把我的人生安排成這樣，有件事是肯定的：我永遠不可能靠自己的力量創造出如此精彩的人生。

葛雷格・丁金的謝辭

當大家得知我和派哥合作時，都會問同樣的問題：「他是個什麼樣的人？」

而我的答案也都一樣：「他是個表裡如一的人。」

他從不停歇，他比我認識的任何人都想得更遠，他設定的標準高的難以置信，但他會幫助人們達標。我有幸跟了他四年半，他最令我折服之處就是他很會「因材施教」。簡單說吧，他就像NBA最著名的教練「禪師」菲爾・傑克森（Phil Jackson），他將心比心的認真傾聽人們的希望和恐懼，所以總能用正確的方式引導人們超越自己的極限，他的識人之明已經到達藝術境界。

我還要感謝這一路走來一直扶持我的好夥伴 Mario Aguilar 和 Kai Lode，當我說：「我不是個出色的作家，我只是很會傾聽跟很會改寫罷了。」時，他倆都很捧場地笑了。多虧他們提供極其詳盡的回饋，我才得以實現派哥的願景，並達到他的高標準。我也要感謝 Portfolio 出版團隊，尤其是親切、耐心、才華橫溢且見解獨到的 Megan McCormack。

我還要感謝文字加工編輯 Brian Kuhl、生產編輯 Randee Marullo，感謝她對細節的高度關注。我還要表彰設計師 Jen Heuer、Daniel Lagin、Brian Lemus 以及 Henry Nuhn。我要感謝優秀的行銷和宣傳部門：Heather Faulls、Esin Coskun、Mary Kate Rogers、Amanda Lang 以及 Kirstin Berndt。

我還要感謝家人和朋友們的支持：老媽、老爸、Andy、Jayme、Drew、Logan、Thea、Levi、Phoebe、Michelle、Cully、Meul、Dreesch、Alec、Wilbert、Lucky、Cole、Wes、Hajjar、Nadia、Woody、Nicole、Rafe、Noelle、Rose、Monique、Jeremiah、Adam、Brooke、Andrew、Charlie、MK、Marc、Pastor Bob、Noah、Lori、Greg 以及 George，他們每一位都做出了自己獨特的貢獻。

與我們保持聯繫的方法以及其他資源

如需了解更多資訊以及有用的工具，請上 chooseyourenemieswisely.com

更多資源：

一、我個人的百大好書推薦經常更新，你可以隨時到以下網址看我正在讀的書：

Patrickbetdavid.com/top-100-books/ 2.

二、想了解更多諮詢和現場活動的資訊，請上 betdavidconsulting.com

三、做這個小測驗可了解你需要哪些驅動因素：pbdquiz.com

四、想看新聞、影片和商業課程：valuetainment.com 5.

五、想與專家一對一交流：minnect.com

附錄A

回顧上一年

- 哪些事情令你偏離了去年的目標？
- 哪些事情有可能令你偏離明年的目標？
- 你將採取哪些措施來避免分心（至少不再那麼容易分心）？
- 哪些重要活動似乎無法完成？你要如何解決這個問題？
- 你將安排哪些活動？

一、研究趨勢
二、好／壞／醜
三、逐月安排
四、逐季安排
五、錯失的機會
六、你明明該預料到卻沒有預做準備的事情
七、軟體故障
八、招募人才的挑戰
九、員工辭職（你為什麼沒能發現這些跡象？）
十、供應鏈問題
十一、你明明該預料到卻沒有預做準備的事情
十二、黑天鵝（異常事件）

去年你為哪些事情操透了心？

- 公司搬遷
- 公司成長

- 搬到新辦公室或重返原辦公室（return-to-office）政策，改變了辦公室的使用狀況
- 恢復健康——壞習慣害你沒精神
- 人際關係——有伴或正在找伴
- 孩子
- 難搞的員工
- 訴訟
- 不斷向我借錢的親手足
- 擔心供應　出問題（沒有做好應變計畫）

去除累贅

- 什麼事情會拖累你？
- 你能清除哪些累贅？
- 你將如何清除？
- 你們今天將採取哪些行動？
  a. **今天**就報名參加夫妻諮商。
  b. **今天**就開始找一名私人助理。

c. **今天**就聘請私人教練。

d. **今天**就開始努力修復你的信用。

- 如果去除所有會令你分心的事，你的生活會變成怎樣？
- 如果你想做大事，就不能浪費精力在分心的事情上：

a. 一個 Yelp 差評

b. 離職員工在 Glassdoor 上寫了一則差評

c. 明明三天就能做好的事情卻花了三星期

d. 有毒的人際關係

e. 不可靠的供應商

f. 列出困擾你的五到十個事件。

幫自己打分（一到十分）：

＿＿健康／精力／體能

＿＿家庭關係

＿＿配偶／戀人關係

＿＿個人財務

——學習／個人成長

——靈性／信仰

幫自己打分（一到十分）：

——實現總體業務目標

——培養領導者

——提升成長和收入

——分析和系統

——營運、技術和物流

——財務和現金流管理

——你在哪些方面做得很好？

——你在哪些方面做得很差？

——為什麼能實現（或未能實現）目標？

——你是否高估了自己？（僥倖、妄想、懶惰）

——你是否低估了自己？（不敢冒險、馬虎）

一頁式事業計畫

20___，________的一年

財務

習慣
1.
2.
3.

目標
1.
2.
3.

事業

習慣
1.
2.
3.

目標
1.
2.
3.

個人發展

習慣
1.
2.
3.

目標
1.
2.
3.

家庭

習慣
1.
2.
3.

目標
1.
2.
3.

健康

習慣
1.
2.
3.

目標
1.
2.
3.

靈性

習慣
1.
2.
3.

目標
1.
2.
3.

資料來源

第 1 課

1 Mike Puma, "There Is Crying in Football," ESPN, December 15, 2005, espn.com/ espn/ classic/ bio/ news/ story? page= Vermeil_ Dick.

2 Electronic Arts Inc., "EX-99.1 2 dex991.htm Press Release Issued Jointly by Electronic Arts Inc. and JAMDAT Mobile Inc.," U.S. Securities and Exchange Commission, December 8, 2005, sec.gov/ Archives/ edgar/ data/ 712515/ 000119312505239198/ dex991.htm#:~:text=(NASDAQ% 3AJMDT)% 20today% 20announced,total% 20of% 20approximately% 20% 24680% 20million.

第 2 課

3 Valuetainment, "The 9 Love Languages of Entrepreneurs," YouTube video, June 21, 2016, youtube.com/ watch? v= VhAN8m3LSs.

4 Robert "Cujo" Teschner, *Debrief to Win: How America's Top Guns Practice Accountable Leadership . . . and How You Can, Too!* (Chesterfield, MO: RTI Press, 2018).

5 Centers for Disease Control and Prevention, "Marriages and Divorces," National Center for Health Statistics, last updated January 26, 2023, cdc.gov/ nchs/ nvss/ marriage- divorce.htm.

6 U.S. Bureau of Labor Statistics, "Business Employment Dynamics," 2022, bls.gov/ bdm.

7 Joe Pinsker, "Japan's Oldest Businesses Have Survived for More Than 1,000 Years," *Atlantic*, February 12, 2015, theatlantic.com/ business/ archive/ 2015/ 02/ japans- oldest- businesses- have- lasted- more- thanathousand- years/ 385396.

第 3 課

8 Clarence L. Haynes Jr., "What Is a Generational Curse and Are They Real Today?" Bible Study Tools, March 13, 2023, biblestudytools.com/ bible- study/ topical- studies/ whatisagenerational- curse- and- are- they- real- today.html.

9 G. G. Allin, "Generational Curse," Urban Dictionary, June 11, 2021, urbandictionary.com/ define.php? term= Generational% 20Curse.

10 Ashira Prossack, "This Year, Don't Set New Year's Resolutions," *Forbes*, December 31, 2018, forbes.com/ sites/ ashiraprossack1/ 2018/ 12/ 31/ goals- not- resolutions/? sh= 712d5a003879.

11 Jeff the Content Profit Coach, "21 Inspirational Tom Brady Quotes: Good Ones from the GOAT," *Medium*, February 1, 2002, medium.com/ illumination/ 21inspirational- tom- brady- quotes- a5db55cd9fd2.

12 *The Diary of a CEO*, "Chris Williamson: The Shocking New Research on Why Men and Women Are No Longer Compatible! | E237," YouTube video, April 10, 2023, youtube.com/ watch? v= K2tGt2XWd9Q& t= 1237s.

13 ouise Jackson, "Carl Jung and the Shadow: Everything You Need to Know," Hack Spirit, March 30, 2022, hackspirit.com/ carl- jung- and- the- shadow.

14 Eli Glasner, "Ben Affleck's Air Ties a Bow on How Nike Cashed In on Michael Jordan," CBC, April 5, 2023, cbc. ca/ news/ entertainment/ air- ben- affleck- michael- jordan- nike1.6801736#:~:text= The% 20year% 20was% 201984% 2C% 20and,market% 20share% 2C% 20followed% 20by% 20Adidas.

15 Abigail Stevenson, "Nike Cofounder Phil Knight: Finding the Next Michael Jordan," CNBC, August 4, 2016, cnbc.com/ 2016/ 08/ 03/ nikecofounder- phil- knight- finding- the- next- michael- jordan.html.

16 Trefis Team, "Was Nike's Acquisition of Converse a Bargain or a Disaster?" *Forbes*, November 15, 2019, forbes. com/ sites/ greatspeculations/ 2019/ 11/ 15/ was- nikes- acquisitionofconverseabargainoradisaster/? sh= 24a60b8942f3.

17 Gia Nguyen, "Most Popular Basketball Shoe Brands Worn by NBA Players in 2023," Basketball Insiders, April 17, 2023, basket ballinsiders.com/ news/ most- popular- basketball- shoe- brands- wornbynba-playersin2023/#:~:text= During% 20the% 202023% 20season% 2C% 20Nike% 20was% 20far% 20and,covered% 20nearly% 2075% 20percent% 20of% 20the% 20NBA% 20market.

第 4 課

18 G. Dunn, "Max Kellerman Says Tom Brady Is Done on First Take," YouTube video, August 8, 2016, youtube. com/ watch? v= rcm1gnxpsMs.

19 Sports Paradise, "Julian Edelman SCREAMS AT Tom Brady and Tells Him He's Too Old," YouTube video, February 8, 2021, youtube.com/ watch? v= DLfP_ kJ37E0& t= 2s.

20 Taylor Wirth, "Fifth Steph Title Could Push LeBron Off Stephen A's Mt. Rushmore," NBC Sports, May 3, 2023, nbcsports.com/ bayarea/ warriors/ steph- curry- could- replace- lebron- nbamtrushmore- stephen- smith- says.

21 Valuetainment, "Stephen A. Smith Opens Up on Career Path to ESPN," YouTube video, October 11, 2019, youtube.com/ watch? v= p7hPgRT5vXE.

22 Pete Blackburn, "Bill Belichick Has Reportedly Banned Brady's Trainer from the Patriots' Plane, Sideline," CBS Sports, December 19, 2017, cbssports.com/ nfl/ news/ bill- belichick- has- reportedly- banned- bradys- trainer- from- the- patriots- plane- sideline.

23 Alex Banks (@thealexbanks), "Elon Musk is the master of pitching . . ." Twitter, March 11, 2023, twitter.com/ thealexbanks/ status/ 1634547220950429696.

24 Aaron Mok and Jacob Zinkula, "ChatGPT May Be Coming for Our Jobs. Here Are the 10 Roles That AI Is Most Likely to Replace," *Insider*, April 9, 2023, businessinsider.com/ chatgpt- jobsatrisk- replacement- artificial- intelligenceailabor- trends- 202302.

25 Kings Inspired, "Become a Monster | Jordan Peterson— Joe Rogan— Jocko Willink," YouTube video, February 6, 2023, youtube.com/ watch? v= ygEFX3ar2Qg.**CHAPTER 5: WILL AND SKILL**

26 *American Heritage Dictionary of the English Language*, 5th ed., s.v. "will," last modified 2016, thefreedictionary. com/ will.

27 *PBD Podcast*, "Neil deGrasse Tyson | *PBD Podcast* | Ep. 223," YouTube video, January 9, 2023, youtube.com/ watch? v= 8hWbO9NdXbs.

28 "Reengineering the Recruitment Process," *Harvard Business Review*, March– April 2021, hbr.org/ 2021/ 03/ reengineering- the- recruitment- process.

29 Christian Zibreg, "Previously Unseen 1994 Video Has Steve Jobs Talking Legacy," *iDownloadBlog*, November 19, 2018, idownloadblog.com/ 2013/ 06/ 19/ steve- jobs- 1994- video- legacy.

30 Diamandis, Peter H. "Embrace AI or Face Extinction," Peter Diamandis blog, July 6, 2023, https://www.diamandis.com/blog/embrace-ai-face-extinction-exo.

31 Sam Silverman, "Ashton Kutcher Warns Companies to Embrace AI or 'You're Probably Going to Be Out of Business,'" *Entrepreneur*, May 4, 2023, entrepreneur.com/ business- news/ ashton- kutcher- embraceaioryoull beoutofbusiness/ 451014.

32 "The Importance of Business Visibility and Online Reputation," Tomorrow City, March 29, 2021, tomorrow.city/ a/ the- importanceofbusiness- visibility- and- online- reputation.

33 Justin Bariso, "Jeff Bezos Knows How to Run a Meeting. Here's How He Does It," *Inc.*, April 30, 2018, inc.com/ justin- bariso/ jeff- bezos- knows- howtorunameeting- here- are- his- three- simple- rules.html.

34 brainyquote.com/ quotes/ albert_ einstein_ 10619.

35 Gabe Villamizer, "Simon Sinek— Trust vs. Performance (Must Watch!)," YouTube video, November 17, 2022, youtube.com/ watch? v= PTo9e3ILmms.

36 Noah Marks, "Two Undeniable Truths in Quotes," LinkedIn, May 14, 2020, linkedin.com/ pulse/ two-undeniable- truths- quotes- noah- marks

37 Richard Branson (@RichardBranson), "Train people well enough so they can leave, treat them well enough so they don't want to," Twitter, March 27, 2014, twitter.com/ richardbranson/ status/ 449220072176107520? lang= en.

第 6 課

38 "Mahatma Gandhi Quotes," Allauthor.com, retrieved June 22, 2023, allauthor.com/ quote/ 40507/.

39 Dan Whateley, "People Laughed When She Wanted to Take On a Common (but Totally Embarrassing) Problem. Now She Has a $400 Million Business," *Inc.*, June 20, 2019, inc.com/ dan- whateley/ poo- pourri-suzy- batiz- bathroom- odor- oversharing.html.

40 Wikipedia, s.v. "George Will," last modified May 23, 2023, en.wikipedia.org/ wiki/ George_ Will.

41 Susan Weinschenk, "The Power of the Word 'Because' to Get People to Do Stuff," *Psychology Today*, October 15, 2013, psychologytoday.com/ us/ blog/ brain- wise/ 201310/ the- powerofthe- word- becausetoget-peopletodostuff.

42 Valuetainment, "Kobe Bryant's Last Great Interview," YouTube video, August 23, 2019, youtube.com/ watch? v= T9GvDekiJ9c& t= 1s.

43 Seth Godin, "Project Management," *Seth's Blog*, June 21, 2023, https:// seths.blog/.

44 Richard Nixon, "Khrushchev," *Six Crises* (New York: Simon & Schuster, 1962).

45 Greg Young, "Proper Planning and Preparation Prevent Piss Poor Performance (the 7Ps)," LinkedIn, April 8, 2020, linkedin.com/ pulse/ proper- planning- preparation- prevent- piss- poor- 7ps- greg- young.

第 7 課

46 Colin McCormick and Gabriel Ponniah, "Moneyball: What Happened to Paul DePodesta (The Real Peter Brand)," May 24, 2023, screenrant.com/ moneyball- peter- brand- paul- depodesta- what- happened.

第 8 課

47 P. Smith, "Value of the Sportswear Market in the United States from 2019 to 2025," Statista, April 27, 2022, statista.com/ statistics/ 1087137/ valueofthe- sports- apparel- marketbyproduct- categoryus.

48 Matt Weinberger, "Jack Dorsey: 'Twitter Stands for Freedom of Expression,' " Yahoo, October 21, 2015, yahoo.com/ lifestyle/ s/ jack- dorsey- twitter- stands- freedom- 175932575.html.

49 Jack Kelly, "Twitter CEO Jack Dorsey Tells Employees They Can Work from Home 'Forever'— Before You Celebrate, There's a Catch," *Forbes*, May 13, 2020, forbes.com/ sites/ jackkelly/ 2020/ 05/ 13/ twitter- ceo- jack- dorsey- tells- employees- they- can- work- from- home- forever- before- you- celebrate- theresacatch/? sh= 28eca17f2e91.

50 Madison Hoff, "The 25 Large Companies with the Best Culture in 2020," *Insider*, December 14, 2020, businessinsider.com/ large- companies- best- culture- comparably- 202012.

51 Nathan Solis, "Facebook Company Ends Its Free Laundry Perk, and at Least One Worker Is Steamed," *Los Angeles Times*, March 16, 2022, latimes.com/ california/ story/ 20220316/ facebook- company- meta- ends- its- free- laundry- perk#:~:text= Facebook% 20company% 20ends% 20its% 20free,% 2C% 20Calif.% 2C% 20last% 20year.

52 Lila Maclellan, "Investor Chamath Palihapitiya Once Advised Sam Bankman- Fried to Form a Board. FTX's Response? 'Go F— k Yourself,' " *Fortune*, November 18, 2022, fortune.com/ 2022/ 11/ 18/ ftx- board- investor- chamath- palihapitiya- sam- bankman- fried- board- directors- crypto.

53 Reeds Hastings, "Netflix CEO on Paying Sky- High Salaries: 'The Best are Easily 10 Times Better Than Average,' " CNBC, September 8, 2020, cnbc.com/ 2020/ 09/ 08/ netflix- ceo- reed- hastingsonhigh- salaries- the- best- are- easily- 10x- better- than- average.html.

第 9 課

54 Daniel Pereira, "IKEA Mission and Vision Statement," The Business Model Analyst, April 24, 2023, businessmodelanalyst.com/ ikea- mission- and- vision- statement/.

55 Patrick Hull, "Be Visionary. Think Big," *Forbes*, December 19, 2021, forbes.com/ sites/ patrickhull/ 2012/ 12/ 19/ bevisionary- think- big/? sh= 17920fd33c17.

56 James C. Collins and Jerry I. Porras, "Building Your Company's Vision," *Harvard Business Review*, September–October 1996, cin.ufpe.br/~genesis/ docpublicacoes/ visao.pdf.

57 Adrien Beaulieu, "Inspiring Product Manager and Entrepreneurs Quotes— Series (1)," Product House, https:// product.house/ inspiring- product- manager- and- entrepreneurs- quotes- series12/.

58 *PBD Podcast*, "Papa John | *PBD Podcast* | Ep. 184," YouTube video, September 14, 2022, youtube.com/ watch? v= LItF79OHaU.

58 Papa John's Dominates the Pizza Category in Customer Satisfaction and Product Quality," Business Wire, June 20, 2017, businesswire.com/ news/ home/ 20170620006170/ en/ Papa- John% E2% 80% 99s- Dominates- the- Pizza- CategoryinCustomer- Satisfaction- and- Product- Quality.

60 Jordan Palmer, "At the Turn of the Century This Was Wealthy America's Most Coveted Vacation Destination," Travel Awaits, February 2, 2001, travelawaits.com/ 2561245/ jekyll- island- coveted- vacation- history/.

61 Paul Polman, "2023 Net Positive Employee Barometer: From Quiet Quitting to Conscious Quitting: How Companies' Values and Impact on the World Are Transforming Their Employee Appeal," paulpolman.com/ wpcontent/ uploads/ 2023/ 02/ MC_ Paul- Polman_ Net- Positive- Employee- Barometer_ Final_ web.pdf.

62 Pat Heffernan, "People Don't Buy What You Do— They Buy WHY You Do It," Marketing Partners, October 7, 2010, https:// www.marketing- partners.com/ conversations2/ people- dont- buy- what- youdothey- buy- why- youdoit.

63 Alex Banks (@thealexbanks), "Show your long- term vision . . ." Twitter, March 11, 2023, twitter.com/ thealexbanks/ status/ 1634547381122502659.

第 11 課

64 Paul A. Gompers, William Gornall, Steven N. Kaplan, and Ilya A. Strebulaev, "How Do Venture Capitalists Make Decisions?" Harvard Business School, September 2016, https:// www.hbs.edu/ faculty/ Pages/ item.aspx? num= 51659.

國家圖書館出版品預行編目(CIP)資料

謝謝敵人造就我：從難民到億萬創業家，利用敵人讓自己更成功的 12 堂課／派崔克·貝大衛 (Patrick Bet-David), 葛雷格·丁金 (Greg Dinkin) 著；閻蕙群譯 . -- 初版 . -- 臺北市：城邦文化事業股份有限公司商業周刊 , 2024.06
352 面；17 × 22 公分
譯自：Choose your enemies wisely : business planning for the audacious few

ISBN 978-626-7366-89-9(平裝)

1. CST: 企業策略　2. CST: 策略規劃　3. CST: 職場成功法

494.1　113004872

謝謝敵人造就我

作者	派崔克・貝大衛（Patrick Bet- David）、 葛雷格・丁金（Greg Dinkin）
譯者	閻蕙群
商周集團執行長	郭奕伶

商業周刊出版部

總監	林雲
責任編輯	盧珮如
封面設計	萬勝安
內頁排版	邱介惠
出版發行	城邦文化事業股份有限公司 商業周刊
地址	115 台北市南港區昆陽街 16 號 6 樓 電話：(02)2505-6789　傳真：(02)2503-6399
讀者服務專線	(02)2510-8888
商周集團網站服務信箱	mailbox@bwnet.com.tw
劃撥帳號	50003033
戶名	英屬蓋曼群島商家庭傳媒股份有限公司城邦分公司
網站	www.businessweekly.com.tw
香港發行所	城邦（香港）出版集團有限公司 香港灣仔駱克道 193 號東超商業中心 1 樓 電話：(852) 2508-6231　傳真：(852) 2578-9337 E-mail：hkcite@biznetvigator.com
製版印刷	中原造像股份有限公司
總經銷	聯合發行股份有限公司 電話：(02) 2917-8022
初版 1 刷	2024 年 6 月
定價	450 元
ISBN	978-626-7366-89-9
EISBN	9786267366868（PDF）／9786267366875（EPUB）

Choose Your Enemies Wisely: Business Planning for the Audacious Few

藍學堂

學習・奇趣・輕鬆讀